全国优秀教材二等奖

"十三五"职业教育国家规划教材

咖啡实用技艺

（第二版）

秦德兵　　文晓利　主编

科学出版社

北　京

内 容 简 介

本书重在培养学生的咖啡制作能力，共分 5 个模块，包括咖啡的基础知识、手工咖啡实操训练、专业咖啡机的使用、经典花式咖啡的制作、咖啡馆（厅）的筹备与管理。

本书既可作为职业院校旅游服务类专业教材，也可作为咖啡爱好者的学习参考资料。

图书在版编目（CIP）数据

咖啡实用技艺/秦德兵，文晓利主编. —2 版. —北京：科学出版社，2017

（"十三五"职业教育国家规划教材）

ISBN 978-7-03-047804-7

Ⅰ．①咖…　Ⅱ．①秦…　②文…　Ⅲ．①咖啡-职业教育-教材　Ⅳ．①TS273

中国版本图书馆 CIP 数据核字（2016）第 056025 号

责任编辑：任锋娟　王　琳/ 责任校对：王万红

责任印制：吕春珉 / 封面设计：东方人华平面设计部

科学出版社 出版

北京东黄城根北街 16 号
邮政编码：100717
http://www.sciencep.com

三河市中晟雅豪印务有限公司印刷

科学出版社发行　　各地新华书店经销

*

2014 年 12 月第　一　版　　开本：787×1092　1/16
2017 年 4 月第　二　版　　印张：13
2022 年 8 月第二十三次印刷　字数：290 000

定价：48.00 元

（如有印装质量问题，我社负责调换〈中晟雅豪〉）

销售部电话 010-62136230　编辑部电话 010-62135763-2015

FOREWORD

　　本书自 2012 年首次出版以来，对咖啡初学者帮助较大，得到广大读者的认可。随着咖啡行业在我国的迅猛发展，从业人员的职业技能有了很大程度的提高，但职业道德与行业要求仍存在较大差距。在职业教育的专业教学中融入职业道德教育，培养高素质的咖啡行业人才，是专业课教学的任务之一。这次修改仍遵循原有的指导思想和体例，在部分单元增加了"职场拓展"栏目，围绕咖啡行业所需职业素质安排了一些小故事，意在培养学生吃苦耐劳、团结协作等优良品质；删除了第一版中的过时内容，增添了云南小粒种咖啡和精品咖啡的相关知识；结合从业人员应具备的专业知识和世界咖啡师行业技能大赛，在每个模块后增加了练习题。另外，学生还可通过扫描二维码查看相关知识和视频。

　　本书由秦德兵、文晓利任主编。本书的修订过程中，除按原分工修订各模块外，陈小平负责全书审定，万春负责第一模块中补充的"精品咖啡"相关内容的编写，王中青负责第一模块中补充的"云南咖啡"相关内容的编写，周洪梅负责练习题的编写，谌永华、鞠小洪、汪志全负责视频、课件等的制作。书中所用咖啡视频和图片由重庆太阳鸟咖啡公司提供。在此，对为本书的出版提供支持和帮助的所有机构和同仁表示诚挚的谢意！

　　由于编者水平有限，时间仓促，书中不足之处在所难免，敬请广大读者批评指正。

编　者

2017 年 2 月

FOREWORD

《国家中长期教育改革和发展规划纲要（2010～2020 年）》明确要求职业教育要为生产劳动第一线培养高素质劳动者。结合我国咖啡行业发展迅猛，但行业操作不规范、从业人员素质参差不齐的实际情况，本书编写团队特聘请多年从事咖啡教学、培训和经营管理的工作者，以及经验丰富的咖啡师参与编写。本书内容与市场联系紧密，具有较强的适用性和可操作性。

全书共分五个模块，第一模块为咖啡基础知识，主要讲述咖啡的相关理论知识和从业人员的基本要求。第二至四模块主要展示手工咖啡的制作、专业咖啡机的使用和经典花式咖啡的制作等知识。这三个模块的内容是全书的重点和核心，较为全面地展示了咖啡器具的使用和咖啡的制作过程，力求符合学习者学习技能的形成规律，体现了"先做后学、先会后学、先学后教、以学定教"的教学思想。为了方便学习，还增加了"温馨提示"栏目，有助于学习者进一步加深对咖啡的认识。第五模块为咖啡馆（厅）的筹备与管理，主要讲述咖啡馆（厅）的筹备及服务管理。

本书由重庆市女子职业高级中学秦德兵和重庆市工业学校文晓利担任主编，由重庆天扬咖啡销售与培训部经理黄强、袁京进行专业指导。具体编写分工如下：秦德兵主要负责第一模块第一、二单元，第二模块第四至六单元的编写以及全书的统稿、修改、文字整理工作；文晓利主要负责第一模块第三至六单元，第二模块第一至三单元的编写以及全书的修改、文字整理工作；黄强、袁京共同完成第三模块和第四模块的编写；秦德兵、文晓利、黄强共同完成第五模块的编写。

此外，湖南省株洲市信息工程职业学校薛建平、重庆大学城"I Cafe"李旭、重庆市女子职业高级中学谌永华、重庆市渝北职教中心张曼也参与了本书的编写工作。重庆市女子职业高级中学陈小平对本书文字进行了审读，视频资料和制作由重庆市女子职业高级中学汪志全完成。另外，本书的编写还得到了重庆市女子职业高级中学领导和重庆大学城的"I Cafe"以及典硕咖啡有限责任公司的大力支持和帮助，在此对所有关心和支持本书编写工作的领导和同仁表示衷心的感谢。

由于编者实践经验和理论水平有限，加之时间仓促，书中难免存在不妥之处，敬请广大读者批评指正。

目 录

CONTENTS

第一模块
咖啡的基础知识

　　咖啡与茶、可可并称世界三大无酒精饮料。咖啡以其特有的营养与功效越来越受国人关注，特别是备受年轻白领青睐。咖啡厅成为白领缓解工作压力、交流心得和休闲娱乐的场所，也是老板对员工实施"温柔政策"、鼓励员工提高工作效率的地方。

　　咖啡是浪漫、时尚、高贵的化身，咖啡爱好者常对朋友讲：我不在咖啡馆，就是在去咖啡馆的路上。他们认为美妙的咖啡，比一千次香吻更甜美，比陈年佳酿更醉人！

第一单元　咖啡概述

你知道吗？

1. 什么是咖啡？谁最早发现了这种饮品？
2. 什么是咖啡师？
3. 成为一名咖啡师应具有哪些条件？

一、认识咖啡

咖啡是一种饮料，一种生活方式，一种与人交往的文化。

咖啡产地主要分布在北纬25°～南纬30°的非洲、亚洲的印度尼西亚及中南美洲三大地区。咖啡因其营养价值高，富含脂肪、蛋白质、咖啡因、碳水化合物、无机盐和多种维生素，又具有提神醒脑、促进血液循环等功效而深受人们喜爱。

人类发现并开始饮用咖啡至今已有几百年的历史了，据世界最大的咖啡消费国美国的全美咖啡协会统计，美国每年有1.6亿人饮用咖啡，平均每人每年要喝掉4.5千克咖啡，并呈现逐年上升的趋势。在全世界，喝咖啡的人也在逐年增多，咖啡饮品越来越受欢迎，到"星巴克"喝咖啡已成为一种时尚。

目前，我国的人均咖啡消费量仅有40克。2008年我国咖啡消费量约为3万吨，不足国际咖啡消费量的1%；但到了2013年，我国咖啡消费量已超过13万吨。随着我国经济的发展，人民的生活方式逐步融入国际大环境，咖啡正在被越来越多的中国人所接受。咖啡不再仅仅是一种饮料，它逐渐与时尚、品位紧紧联系在一起。或是交友谈心，或是商务洽谈，或是休闲怡情，尽在一杯香味弥漫的咖啡中。被业内人士称为"朝阳产业"的咖啡业正在我国蓬勃发展。

二、咖啡师

咖啡师是指熟悉咖啡文化、掌握咖啡制作方法和技巧，从事咖啡制作、调配、服务和咖啡行业研究与推广的人员。

在国外，咖啡师制作的不仅是一杯咖啡，还是一种咖啡文化。优秀的咖啡师能根据客人的需要来调制咖啡，他们一般有很多"粉丝"，有的客人专为品尝某位咖啡师调制的咖啡远道而来。

从19世纪90年代开始，西方国家采用"barista"这个英文单词来称呼制作浓缩咖啡（espresso）相关饮品的专家，中文称作"咖啡师"或"咖啡调理师"。他们主要在各种咖啡馆、西餐厅、酒吧等从事咖啡制作工作。

咖啡业在我国仍处于发展的初级阶段，咖啡专业人才的缺口很大。目前，我国咖啡行业专业标准仍不统一，从业人员的专业素质总体不高，与国际先进水平有很大差距。因此，建设一支高素质、高技能的咖啡师专业队伍迫在眉睫。

三、咖啡师应具备的知识和技能

要成为一名合格的咖啡师,就必须掌握咖啡的相关专业知识,具备熟练的咖啡制作与服务的能力。咖啡师应具备的条件如表 1-1 所示。

表 1-1 咖啡师应具备的知识和技能

专业知识	专业技能	综合服务技能
咖啡豆的知识(起源、种植、采购、保存、加工)、咖啡礼仪、咖啡与健康、各国咖啡文化、世界各国主要咖啡豆、我国咖啡业的发展概况	冲泡虹吸壶咖啡、滴滤杯咖啡、摩卡壶咖啡、比利时皇家咖啡、手冲咖啡、法压壶咖啡、法兰绒咖啡、越南咖啡、土耳其咖啡、手工打奶泡的制作,磨豆机的使用与保养,花式、经典咖啡的制作,奶油打发及使用,半自动咖啡机的使用与保养,拉花的技艺,成本核算能力,咖啡豆的烘焙	托盘、斟倒酒水、英语口语、语言表达能力、应变能力、与客人沟通的能力

职场拓展

机遇只留给有准备的人

机遇偏爱有准备的人,中国有句古话:台上一分钟,台下十年功。我们经常羡慕别人的机遇好,羡慕命运对别人的青睐,羡慕别人的成功,而却从来没有看到荣耀和鲜花背后所付出的艰苦努力。例如,众所周知,中国航天员要经过"过五关斩六将"的选拔,才能赢得为中华民族实现飞天梦想的机会。杨立伟以优秀的训练成绩和超人的综合素质,光荣地成为"神舟五号"航天员。所以,想要成功,就得从现在开始努力,做好准备,在机遇轻轻地叩响门扉时,你才能抓住机遇走向成功。

姜子牙磐溪垂钓迎来了求贤若渴的周文王,后来辅佐周武王建立了周朝;诸葛亮高卧隆中方换来刘备"三顾茅庐",进而辅佐刘备三分天下。姜太公不仅仅是因为与文王的偶然相遇,诸葛亮也不是因为刘备三顾茅庐、盛情相邀才取得成功,他们在机遇到来之前早已胸存韬略,早已做好了把握机遇的准备。机遇总是垂青有准备的人。

现实生活中有些人总是"守株待兔"。殊不知如果这样,机遇就会像满天星斗,可望而不可即。即使机遇真的来到身边,他们也发现不了,更不用说去捕捉和利用了。能否抓住机遇、利用机遇,关键在于是否做好准备,在于是否勤奋努力。同学们,想成为咖啡师吗?请做好准备,去抓住机遇、获得成功吧!

思考与讨论

1. 你想做咖啡师吗?

2. 在以后的学习中,你应该如何在"准备"二字上下功夫?

第二单元　咖啡的起源与发展

你知道吗？

1. 咖啡一词的来历是什么？
2. 关于咖啡的美丽传说，你知道多少？
3. 谁把咖啡从非洲偷偷带出？谁又把它带到我国？
4. 你知道世界各国奇异的咖啡文化吗？

一、咖啡的起源

咖啡源于埃塞俄比亚南部的咖法（Kaffa）省，而咖啡一词与咖法省有着密不可分的联系。

最早种植咖啡并把它作为饮料的是埃塞俄比亚的阿拉伯人，他们称"coffee"为"qahwah"，后来逐渐成为"植物饮料"的代称。"qahwah"一词随着咖啡传入了当时的奥斯曼帝国，发音变成了"quhve"。16世纪时，再经土耳其传入欧洲。欧洲人按照自己的读音，将咖啡定名为"coffee"，流传至今。

二、咖啡的传说

在发现咖啡的众多传说中，有两个故事令人津津乐道，那就是"牧羊人的故事"（图1-1）与"阿拉伯圣徒的故事"（图1-2）。

图1-1　牧羊人的故事　　　　　　　　　图1-2　阿拉伯圣徒的故事

1. 牧羊人的故事

大约公元6世纪时，一个名叫卡尔迪的阿拉伯牧羊人，有一天到伊索比亚草原放牧，发现每只山羊都显得十分兴奋，雀跃不已。他很奇怪，经过细心观察，他发现这些羊是吃了一种红色果实之后才如此兴奋的。出于好奇，卡尔迪尝了一些，发觉这种果实香甜无比，让人神清气爽。从此，他便时常去那里，和羊群一同分享这种美味果实带来的快乐。卡尔迪将这种奇异的红色果实带回家,并分给同伴们吃。后来牧羊人又将这种果实制成汤汁食用。当地人在晚上做礼拜前喝这种汤汁预防打瞌睡,效果非常好。从此,这种汤汁在当地广为流传。这种红色的果实就是咖啡豆,"咖啡"就是当地地名的译音。

2．阿拉伯圣徒的故事

阿拉伯半岛的圣徒雪克·欧玛在摩卡很受人民尊敬与爱戴,但因被人诬陷犯罪而被族人驱逐,流放到俄萨姆。1258 年的一天,欧玛饥肠辘辘地走在山林中,看见枝头停着一群羽毛奇特的小鸟在啄食树上的果实,并发出极为婉转悦耳的啼叫声。好奇心促使他将这种果实带回住处并加水熬煮,汤汁散发出浓郁诱人的香味,他饮用后原本疲惫的感觉一扫而光。于是欧玛采集了许多这种神奇的果实,当遇到有人生病时,就将果实熬成汤汁给他们喝,那些生病的人很快便恢复了精神。由于他四处行善,受到广大信徒的喜爱,不久他的罪便被赦免了。回到摩卡后,他因发现这种果实而受到礼赞,并被人们推崇为圣者。这种神奇的治病良药就是今天的咖啡。

三、咖啡的传播与发展

据史料记载,埃塞俄比亚人于公元 575 年开始种植咖啡,后来传入也门。对阿拉伯人来说,咖啡就像当时中国的丝绸,属于国宝级珍品,当时能够享受这种珍品的人只有少数宗教人士。对于普通人来说,如果谁能够品尝到这种芳香提神的饮品,那将是无上的荣耀。

直到 11 世纪初,咖啡一直被当作一种神奇的药物,仅限于医生处方使用,阿拉伯人将咖啡熬成汤或晾干后再煎煮当胃药喝。然而,其令人兴奋的作用最终被人们广泛认识,许多人把它看成一种刺激大脑的兴奋剂,也有人认为它有使人产生幻觉的功效。

当时地处阿拉伯半岛的也门是世界上唯一的咖啡出产地,阿拉伯人为了防止其他国家种植咖啡,只有去壳后的咖啡豆才能装船外运出口,当局还用重兵加以保护。然而,百密终有一疏,17 世纪时,去麦加城朝圣的巴巴·布丹将一些能发芽的咖啡豆带回了印度西南部的家中,从此开始了咖啡在世界各国的传播。

由于伊斯兰教严禁教徒喝酒,教徒们便用烘焙后的咖啡熬成汁液代替酒类饮用,这种饮料以伊斯兰教圣地为中心,首先在伊斯兰教徒中传播开来:先由阿拉伯传至埃及,再传到叙利亚、伊朗、土耳其。土耳其人西征奥地利时,把咖啡通过威尼斯、马赛港传入欧洲。当时的法国国王克雷门八世曾说:"咖啡虽是恶魔的饮料,却是美味可口。欧洲人可以挡住土耳其的弓刀,却挡不住土耳其的咖啡。"

咖啡通过当时的东西方贸易中心威尼斯传入欧洲,1645 年威尼斯创办了世界第一家咖啡馆,咖啡从此自欧洲迅速传播到世界各地,逐渐成为某些国家居民的生活必需品。

17 世纪,荷兰人将咖啡引种到亚洲的爪哇(今印度尼西亚);与此同时,法国人开始在非洲的其他地方种植咖啡;1668 年,咖啡作为一种饮品风靡北美洲,在纽约、费城、波士顿等主要大城市,咖啡屋随处可见;18 世纪 20 年代,荷兰人开始在中南美洲种植咖啡。经过几个世纪的发展,现已形成了世界三大主要咖啡生产区:非洲、亚洲的印度尼西亚及中南美洲。

目前，全世界有 50 多个国家种植、加工 3000 多种咖啡豆，全球咖啡消费量达六七百万吨，年零售额超过 700 亿美元。咖啡豆的主要生产国是巴西、哥伦比亚、非洲诸国，以及亚洲的印度尼西亚、越南、中国等，其中巴西（其咖啡豆产量占世界总产量的 25%～35%）、哥伦比亚的咖啡豆产量分别居世界的第一和第二位。

从埃塞俄比亚人发现和种植咖啡，到中世纪咖啡在欧洲的传播，再到近代咖啡在北美洲及欧洲的风靡，经过几个世纪的传播与发展，全世界每年消费至少 4000 亿杯咖啡，咖啡成为世界三大休闲饮品之首，是世界上除石油外的第二大贸易品。时至今日，咖啡作为西方的传统饮品，以其悠久的历史和深厚的文化底蕴，形成和发展成为一种咖啡文化，引导了休闲和时尚潮流。

☕ 知识拓展

17 世纪以来咖啡传播历史大事记

17 世纪早期，法国人、荷兰人竞相把咖啡种植拓展到他们各自的海外殖民地。

1616 年，一株咖啡树经摩卡港转运到运荷兰，荷兰人在咖啡种植的竞争中取得上风。

1658 年，荷兰人开始在锡兰（今斯里兰卡）培植咖啡。

1699 年，荷兰人在爪哇建设了第一批欧式咖啡种植园。

1715 年，法国人将咖啡树种带到了波旁岛。

1718 年，荷兰人把咖啡带到了南美洲的苏里南，拉开了世界咖啡中心产区（中南美洲）咖啡种植业飞速发展的序幕。

1723 年，法国人加布里埃尔·马蒂厄·德·克利将咖啡树苗带到马提尼克岛。

1727 年，南美洲的第一个咖啡种植园在巴西帕拉建成，随后咖啡在里约热内卢附近广泛栽培。

1730 年，英国人把咖啡引入牙买加，之后富有传奇色彩的牙买加蓝山咖啡开始在蓝山地区种植。

1750～1760 年，咖啡开始在危地马拉种植。

1779 年，咖啡从古巴传入了哥斯达黎加。

1790 年，咖啡第一次在墨西哥种植。

1825 年，来自里约热内卢的咖啡种子被带到了夏威夷群岛，成为之后享有盛名的夏威夷可纳咖啡。

1878 年，英国人将咖啡带到南部非洲，在肯尼亚建立了咖啡种植园区。

1887 年，法国人在越南建立了咖啡种植园。

1896 年，咖啡登陆澳大利亚的昆士兰地区。

19 世纪末，咖啡开始在中国台湾种植，随后传入云南。

从此，咖啡种植一传十，十传百，成为公开的秘密。

2000 年后，咖啡成为世界上除原油外最畅销的商品。

四、我国咖啡行业的发展

咖啡是一种舶来品，我国史书中有关咖啡的记载最早出现在1884年，中国首棵咖啡树成功种植在台湾。一位英国茶商引进了100株阿拉伯咖啡树到台湾，成为中国咖啡的"鼻祖"。20世纪初，法国传教士又将咖啡苗带到云南省宾川县种植，逐渐推广到两广和海南地区。现在，我国咖啡种植业总体呈上升趋势，主要分布在云南、海南、福建、四川的攀枝花等地。

近年来，随着我国人民生活水平和对咖啡文化认知程度的提高，我国的咖啡需求量不断增长，咖啡种植面积由1998年的24.45万亩增长到2013年的140万亩，咖啡总产量由1998年的6240吨增长到2013年的10.83万吨，年均增速超过20%。

云南省是我国最大的咖啡生产基地，主栽品种为小粒种咖啡，在世界上享有较高声誉，每年产量一半以上出口西欧、日本、美国等发达国家和地区，年出口创汇达4000万美元以上。

2000年以前，我国大多数人只知速溶咖啡，速溶咖啡就是咖啡的代名词。随着生活水平的提高，人们对咖啡的认识也发生了变化，社会对咖啡的需求量逐年加大，咖啡业迅速发展起来。麦斯威尔、雀巢、哥伦比亚等国际咖啡公司先后在中国设厂；1999年，有着"中国麦当劳之父"美誉的王大伟首次把世界最具声誉的咖啡品牌——星巴克引进国内；日本真锅等著名咖啡品牌先后进入中国市场。当星巴克的女妖形象逐渐为我国民众所熟知时，咖啡文化已慢慢地融入了中国老百姓的生活。

但是，中国的咖啡业仍属初级发展阶段。据统计，欧美发达国家年人均咖啡消费量为500杯以上，有些国家甚至超过1000杯，如芬兰、瑞典。中国的近邻，日本年人均消费咖啡为200杯，韩国年人均消费咖啡为140杯。目前，中国年人均咖啡消费量只有40克（4杯），即使是北京、上海、广州这样的大城市，年人均咖啡消费量也仅有20杯。我国每年的咖啡消费量仅为110万袋，与发达国家相比，中国的咖啡消费市场有着巨大的发展空间，是一个巨大的潜在消费市场。2013年世界百瑞斯塔咖啡师大赛（WBC）在云南普洱咖啡产区成功举办，并授予云南普洱"中国咖啡之都"称号。

进入21世纪，中国经济飞速增长，人民生活质量不断提高，饮品日益多样化，咖啡逐渐与现代时尚生活结合在一起，众多的咖啡厅是现代都市人休闲娱乐不可缺少的场所。

我国的咖啡消费开始进入高速发展期。拥有强大茶文化的中国具有巨大的咖啡消费潜力，国际咖啡组织运营部主管巴勃罗·迪布瓦认为："中国将成为世界上最大的咖啡消费市场。"如果每个中国人每天多喝半杯咖啡，那么中国人将左右世界咖啡市场的价格走势。

五、世界各国（地区）咖啡文化

1. 法国的咖啡文化

什么是巴黎最迷人的东西？是埃菲尔铁塔、巴黎圣母院，还是巴黎凯旋门？答案竟然是巴黎的咖啡馆。这是对到法国的160名美国观光客做的调查得到的结果。巴黎如果少了咖啡馆，恐怕就会变得不那么可爱了。咖啡馆是法国的骨架，如同法国的另一个代名词。

　　法国人钟爱咖啡是世界闻名的，喝咖啡讲究优雅的情趣、浪漫的格调和诗情画意般的境界，不愿"独酌"，喜欢凑热闹，慢慢品，读书看报，高谈阔论，一"泡"就是大半天。法国咖啡馆里的浪漫气息吸引了无数观光客前去"朝拜"。法国的户外咖啡馆如图1-3所示。

图1-3　法国的户外咖啡馆

　　法国人去咖啡馆，只选喜欢或者习惯的那家，坐习惯的位子，喝同样的咖啡，甚至搭配同样的茶点。咖啡馆里的侍应生也有着法国式的默契，彼此不需交流，只言片语就可获得你想要的那种服务。

　　在巴黎，一些年代久远的咖啡馆就是一部史书。18世纪末法国大革命时期，咖啡馆逐渐成为当时法国知识分子批评时政、撰写文学作品的场所，自由而热烈的气氛起到了催生咖啡馆的作用。

　　巴黎最早的也最著名的咖啡馆是普罗克普咖啡馆，法国思想家伏尔泰的几部著作、狄德罗的世界首部百科全书等都曾在这里撰写。法国大革命时期的领袖罗伯斯庇尔、丹东和马拉等常来此商量革命大计。据说发迹前的拿破仑也曾来此喝咖啡，因欠账留下了军帽。

　　蒙马特的学院咖啡馆是19世纪巴黎大学时代的标志。这里长期聚集着来自四面八方的艺术家，他们以咖啡馆为中心，共同构筑了巴黎大学的辉煌时代。据说海明威就常到这里喝咖啡，捕捉创作灵感。

2．日本的咖啡文化

日本人最初喝咖啡的情形甚为有趣。1804 年，《狂歌师戏》的作者大田蜀山人在《琼浦又缀》一书中如是写道："在红毛船上被请喝叫'咖啡'的东西，豆子炒得黑黑呈粉状，与白糖搅和后饮用，对散发着焦苦感的臭味与苦味无法适应。"

从明治中期开始，文艺杂志《昂》的创刊者北原白秋、石川啄木、高村光太郎、佐藤春夫、永井荷风等以日本桥小网町的"鸿之巢"作为每月聚会的地点。在那里，他们可以品尝地道的法国式深烘焙咖啡和法式料理、洋酒。"鸿之巢"俨然成为日本文人的社交场。第二次世界大战时，日本借口咖啡为"敌国饮料"而停止输入。

第二次世界大战之后，咖啡以"和平的使者"身份又受到日本人的喜爱，日本人对地道咖啡的需求也随之增加，同时也加剧了日本咖啡市场的竞争。"悄悄地伸出西洋鼻子，不喝清酒，反要啤酒和白兰地，以茶道庄严肃穆的表情喝咖啡"。但与庄严肃穆的茶道比起来，轻松随意的咖啡馆显然是年轻人的最爱，咖啡迅速成为受人追捧的大众饮料。

世界上顶级的咖啡在日本，日本人特别喜欢喝用虹吸壶煮的咖啡。世界上最通俗的咖啡也在日本，除速溶咖啡外，日本是最早推出罐装咖啡（液体）的国家。此外，日本还是唯一设有官方咖啡节的国家，每年 10 月 1 日都要举行庆祝活动。

3．维也纳的咖啡文化

维也纳人将咖啡和音乐、华尔兹相提并论，三者并称为"维也纳三宝"。有人说，维也纳是"五步一咖啡"，这也许是夸大之辞，但维也纳咖啡馆数量众多却是事实。"音乐之都"的空气里不仅流动着音乐的韵律，而且弥漫着拿铁咖啡的清香。

维也纳人喝咖啡的历史可以追溯到 17 世纪。1683 年土耳其第二次进攻维也纳，柯奇斯基自告奋勇，以流利的土耳其话骗过围城的土耳其军队，跨越多瑙河，搬来了波兰援军，粉碎了土耳其人的进攻。土耳其军队在城外丢弃了大批军需物资，其中有 500 袋咖啡豆。维也纳人不知道这是什么东西，只有柯奇斯基知道，因此这 500 袋咖啡豆就成了他突围求救的奖赏。柯奇斯基利用这些战利品开设了维也纳首家咖啡馆——蓝瓶子，并创造了原始的"拿铁咖啡"。

据说在咖啡还没有普及时，维也纳不少咖啡馆以免费提供比一杯咖啡贵两倍的报纸招徕顾客。当然，报纸的招待作用在今天已不复存在，但这种做法却保留下来，构成维也纳咖啡屋的文化品位。

维也纳最著名的咖啡馆是位于中心城区的中央咖啡馆。第一次世界大战前，这里一直是著名诗人、剧作家、艺术家、音乐家、外交官聚会的地方。莫扎特、贝多芬、舒伯特、施特劳斯父子等经常光顾，称这里是奥地利诗歌、剧本、小说的摇篮。今天的中央咖啡馆生意十分兴隆，客人待多久都可以，这是维也纳咖啡馆百年不变的传统。

在今天，喝咖啡已成为维也纳人生活的一部分，在悠闲的气氛中，只要付一杯咖啡的钱，加一块精致的甜点，就可以在咖啡馆会友、下棋、看书、创作、读报，或坐在一个不显眼的角落里看电视。

4．美国的咖啡文化

在美国，咖啡成为国民生活中的一部分，没有咖啡不算生活。星巴克咖啡店遍布世界各地，成为世界最大的咖啡连锁企业。美式咖啡浅淡明澈，几近透明，甚至可以看见杯底。美国人喝咖啡，就像进行一场不需要规则的游戏，随性放任，百无禁忌。据说第一次运载人类登上月球的阿波罗 13 号宇宙飞船在归航途中曾经发生严重的故障，当时地面人员安慰三位航天员的一句话就是："加油！香喷喷的热咖啡正等着你们！"不论在家里、办公室还是公共场合，美国人几乎 24 小时离不开咖啡。美国是名副其实的咖啡消费大国，世界咖啡生产量的 1/3 被美国人喝掉了。美国人喝速溶咖啡不多见，却是最大的速溶咖啡外销国家。

5．土耳其的咖啡文化

咖啡在土耳其，宛如《一千零一夜》里的传奇神话，是蒙着面纱的千面女郎，如麝香一般摄人心魄。传统土耳其咖啡的做法是，将烘焙热炒至浓黑的咖啡豆磨成细粉，连同糖和冷水一起放入咖啡煮具中，以小火慢煮 20 分钟，经反复搅拌和加水，一小杯又香又浓的咖啡才算大功告成。

由于当地人喝咖啡是不过滤的，浓稠似高汤的咖啡倒进杯子里，不但表面上有黏黏的泡沫，杯底还有咖啡渣。在中东地区，邀请别人到家里喝咖啡，代表了主人最诚挚的敬意，客人除了要称赞咖啡的香醇外，切记即使喝得满嘴咖啡渣也不能喝水，因为这样做暗示了咖啡不好喝。

土耳其人喝咖啡，喝得慢条斯理，他们甚至还有一套讲究的咖啡道，就如同中国茶道一样。土耳其人喝咖啡时不但要焚香，还要撒香料、闻香，再加上琳琅满目的咖啡壶具，充满异域风情。

土耳其咖啡至今仍保持着早期宗教仪式的神秘感。土耳其人在喝完咖啡以后，总是要看看咖啡杯底残留咖啡渣的痕迹，从它的模样了解当天的运气或用它来占卜一天的运气。

6．意大利的咖啡文化

到意大利旅游要小心两件事：一是男人；二是咖啡。在意大利，男人和咖啡其实是异曲同工的两样东西，男人就像好的咖啡，既强劲又充满热情。

英文名称为"espresso"的意大利咖啡，又浓又香，表面上浮着一层金黄泡沫。意大利咖啡的特色表现在它的英文名字上，用中文表示就是一个"快"字，冲泡不超过 10 秒，喝得也快，只要两三口。意大利人对咖啡情有独钟，咖啡已经成为他们生活中最基本和最重要的因素。意大利人每天起床后要做的第一件事就是煮上一杯咖啡。不论男女，意大利人几乎从早到晚咖啡杯不离手。

意大利人平均一天要喝 20 杯咖啡。一杯意大利咖啡的分量只有 50 毫升，咖啡豆用量为 6～8 克，是很浓的咖啡，不仅不伤肠胃，还有助于消化。

职场拓展

父亲与女儿

一个女儿对父亲抱怨自己的生活，抱怨世事艰难，不知如何应对生活，真想自暴自弃。因为一个问题刚解决，新的问题又出现了，所以她不再想抗争和奋斗了。

她的父亲是一位厨师。他带女儿进入厨房，向三只锅里加一些水，放在旺火上烧。水开后，分别往三只锅里放入胡萝卜、鸡蛋和咖啡粉，继续加热，一句话也没有说。

女儿咂咂嘴，纳闷地看着父亲，不耐烦地等待着。20分钟后，父亲把火关了，捞出胡萝卜和鸡蛋，分别放入碗内，又把咖啡倒在一个杯子里。

"亲爱的，你看见什么了？"父亲转身问女儿。

"胡萝卜、鸡蛋、咖啡。"女儿回答。

父亲让女儿用手摸摸胡萝卜，她注意到它变软了；父亲又让女儿拿起鸡蛋并打破它，剥掉壳，是一枚煮熟变硬的鸡蛋；父亲又让女儿品尝咖啡，又香又浓。女儿怯生生地问："父亲，这意味着什么？"

父亲说，这三样东西都面临煮沸的水，但反应各不相同：胡萝卜入锅之前是强壮的、结实的，但进入开水之后，它变软了，变弱了；鸡蛋原来是易碎的，它薄薄的外壳保护着它液态的内脏，但是经开水一煮，它的内脏变硬了；咖啡粉则很独特，进入沸水之后，它改变了水。

"哪个是你呢？"他问女儿，"当逆境找上门来时，你该如何应对？你是胡萝卜，是鸡蛋，还是咖啡？"

世界上有三种人，一种似胡萝卜，另一种似鸡蛋，还有一种似咖啡。胡萝卜越煮越软，鸡蛋越煮越硬，只有咖啡，将香味飘散出来影响其他人。我们要做像咖啡一样的人，将自己的知识和成就分享出来，去影响身边的人。

面对逆境，有的人努力奋争，百折不挠；有的人争取一番之后便束手就擒；有的人一旦陷入困境，就心怀恐惧，绕开问题。不同的态度导致了不同的结局：或者到达理想的彼岸，或者碌碌无为。

人生不如意事十之八九，前进的路没有一帆风顺的，一个人在逆境中的表现往往决定了他的人生走向。

喝咖啡是一个先"苦"后"甜"的经历，值得品味，其实人生如此，职场也如此。

思考与讨论

1. 你愿意做胡萝卜、鸡蛋，还是咖啡？

2. 这个故事给你怎样的启示？

3. 如果在学习中遇到困难，你会如何应对？

第三单元　咖啡树

你知道吗？

1. 咖啡树的形态特征是什么样的？
2. 咖啡树生长条件有什么特殊要求？
3. 咖啡树的种类有哪些？

一、咖啡树的形态特征

咖啡树（图1-4），茜草科多年生常绿灌木或小乔木，是一种园艺性经济作物，具有速生、高产、价值高、销路广的特点。咖啡豆播种后3～5年开始结果，以后每隔8～9年砍掉一次树的主干，使其重新生长，这样可反复两三次，收获期间可长达30年。一棵咖啡树每年可收获3～5千克咖啡豆。

图1-4　咖啡树

咖啡树的主干一般不分叉，只有一根主干，由主干直接分出树枝，树枝末梢很长。野生的咖啡树可以长到5～10米高，但庄园里种植的咖啡树，为了提高产量和便于采收，通常修剪为2米以下。

咖啡树的叶片深绿色，呈长椭圆形，叶面光滑，叶端较尖，两叶对生，每片长10～15厘米，边缘如波浪状，如图1-5所示。

咖啡树的花朵因树种不同而异，第一次开花花期树龄为3年左右。白色的五瓣筒状花朵，约2厘米大小，以两三朵为一群，开在叶柄连接树枝的基部，花序浓密而成串排列。花开时节，散发出类似于茉莉花的香味。北半球的花期在2～4月，每年约分成4次开花，绽放的时间很短，而且有齐放的特征，3～6天全部凋谢，如图1-6所示。

图 1-5 咖啡树的叶片

图 1-6 咖啡树的花朵

　　咖啡树的果实最初呈绿色，渐渐变黄，成熟后转为红色，如图 1-7 所示。成熟的咖啡浆果外形像樱桃，故又称为咖啡樱桃。浆果呈鲜红色，果肉甜甜的，内含一对种子，即咖啡豆。每个咖啡豆都有一层薄薄的外膜，称为"银皮"，其外层又披覆着一层黄色的外皮，称为内果皮。整个咖啡豆则被包藏在黏质性的浆状物中，形成咖啡果肉，最外层则为外壳，如图 1-8 所示。

图 1-7 咖啡树的果实

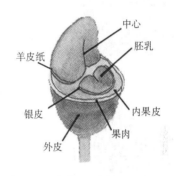

图 1-8 咖啡果的内部结构

二、咖啡树的种植条件

　　咖啡树适合生长在南北回归线内的热带与亚热带气候区，形成围绕地球的环状地带，故有"咖啡腰带"的雅称。这些地区多为沙质土壤，且光照充足、雨量丰沛、四季如春，年平均气温在 18 ～ 25℃，适合种植咖啡树。咖啡的品质取决于它的品种、土壤性质与气候条件（风雨、温度、阳光）。咖啡树耐阴、耐寒，但不耐光、不耐旱、不耐病，一般而言，地势越高的地方，咖啡生长越慢，风味越佳。

知识拓展

蓝 山 咖 啡

　　著名的蓝山咖啡，是世界上种植条件最优越的咖啡品种。

　　牙买加的气候、地质条件和山脉走向共同形成了最理想的咖啡生长区域。蓝山山脉贯穿牙买加，一直延伸至牙买加岛东部，天气凉爽，多雾，降水频繁。用混合种植法种植的咖啡树，与香蕉树和鳄梨树相依相伴。

牙买加的咖啡业面临着一系列的问题，如飓风的影响，劳动力成本的提高，许多小庄园、农场很难合理化种植，梯田难以进行机械化作业等。

现在蓝山咖啡大部分为日本人控制，他们拥有蓝山咖啡的优先购买权，90%的蓝山咖啡为日本人所购买，世界其他买家只能获得蓝山咖啡产量的10%，因此蓝山咖啡总是供不应求。

三、咖啡树的种类

世界上主要的咖啡树种共有4种（表1-2），但真正具有商业价值而且被大量种植的只有两种（阿拉比卡种与罗布斯塔种），所产的咖啡豆品质亦优于其他咖啡树种。

表1-2　咖啡树种介绍

原种名	原产地	产量	栽种国家	特征
阿拉比卡种（Arabica）	埃塞俄比亚	约占全世界产量的70%	巴西、哥伦比亚、哥斯达黎加、危地马拉、牙买加、墨西哥、埃塞俄比亚等国	豆形较小，正面呈长椭圆形，中间裂纹窄而曲折，呈S形，豆子背面的圆弧形较平整。咖啡豆香味特佳，味道均衡，品质优良
罗布斯塔种（Robusta）	非洲中西部及东部的马达加斯加岛	占全世界产量的20%以上	非洲各国及亚洲的越南等	豆形较大，正面渐趋圆形，背面呈圆凸形，裂纹直线形。芳香一般，风味单调，多用来制作速溶咖啡
利比里亚种（Liberica）	非洲的利比里亚	约占世界咖啡产量的5%	非洲的利比里亚，南美洲的苏里南、圭亚那等国	豆形大，苦味强，咖啡因含量中等，刺激性强，品质较差
埃塞尔萨种（Excelsa）	非洲	产量极少	—	味香浓烈，稍带苦味

☕职场拓展

"自断经脉"的苹果树

有一棵苹果树，第一年，它结了10个苹果，9个被拿走，自己得到1个。对此，苹果树愤愤不平，于是"自断经脉"，拒绝成长。第二年，它结了5个苹果，4个被拿走，自己得到1个。"哈哈，去年我得到了10%，今年得到20%！翻了一番。"这棵苹果树心里舒服些了。第三年，它只结了2个苹果，1个被拿走，自己得到一个。"50%归我啦！"苹果树心理平衡了，并很为自己的创意感到高兴。但是，第四年，苹果树再也结不出果子了。

其实，它完全可以继续成长。譬如，第二年，它结了100个果子，被拿走90个，自己得到10个。也可能被拿走99个，自己得到1个。但没关系，它还可以继续成长，第三年可以结1000个果子……

其实，得到多少果子不是最重要的。最重要的是，苹果树在成长！等苹果树长成参天大树的时候，那些曾阻碍它成长的力量都会微弱到可以忽略。真的，不要太在乎果子，成长才是最重要的。

你是一个已"自断经脉"的人吗？

刚开始学习、工作的时候，你才华横溢，意气风发，相信"天生我材必有用"，坚信自己能成为叱咤风云的大人物。但现实很快敲了你几下闷棍，或许，你为公司做了大贡献没人重视；或许，你只得到口头表扬但却得不到实惠；或许……总之，你觉得你就像那棵苹果树，结出的果子自己只享受到了很少一部分，与你的期望相差甚远。

于是，你愤怒、懊恼、牢骚满腹……最终，你决定不再那么努力，想尽办法让自己的所做去匹配自己的所得。几年过去了，你会发现现在的你已经没有当初的激情和才华了。

"老了，知识都还给老师了！"我们习惯这样自嘲，其实质是我们已经停止成长了。

这是因为不满现实的我们忘记了生命是一个历程，忘记了成长才应该是永恒的目标。停止成长无异于自断生命。我们太过于在乎一时的得失，而忘记了成长才是最重要的。

思考与讨论

1．你想做"自断经脉"的人吗？

2．"苹果树"的故事给你哪些启示？

3．在今后的学习和工作中，你应该如何去做？

第四单元　咖啡豆

你知道吗？

1．咖啡豆的采摘方法有哪些？

2．如何选购及保存咖啡豆？

3．咖啡豆的研磨工具及方法有哪些？

4．你能识别真正的蓝山咖啡豆吗？

5．清洁磨豆机有哪些注意事项？

一、咖啡豆的采摘与加工

1．咖啡豆的采摘

大多数的阿拉比卡种咖啡豆的成熟期需6～8个月，罗布斯塔种咖啡豆需要9～11个月。当然，不同地区，咖啡豆的收获时间也各不相同，赤道以北一般在9～11月收获；赤道以南咖啡豆的收获期多在4月或5月，但可以持续到8月；部分横跨赤道国家则可以全年收获。所以，一年四季都有新收的咖啡豆。

咖啡豆的采摘一般有4种方法，即人工采摘法（图1-9）、机器采摘法（图1-10）、搓枝采摘法（图1-11）及摇树采摘法。

图1-9　人工采摘　　　　图1-10　机器采摘　　　　图1-11　搓枝采摘

（1）人工采摘法

由于所有的咖啡果实不会一次成熟，树枝上通常会同时有红色与青色的果实。人工采摘时，只摘取艳红成熟的果实，因而果实质量好，但劳动量较大，采摘成本高，一般只运用于阿拉比卡种咖啡豆，尤其是水洗处理的阿拉比卡种咖啡豆。

（2）机器采摘法

机器采摘法又称成片采摘，是无选择的采摘。利用机器采收咖啡果实，会采收到树枝与树叶等杂物，而且成熟与未成熟的果实也会统统采下，因此不能保证良好的品质。

（3）搓枝采摘法

搓枝采摘法是采收人员在腰间佩戴一个篮子，将树枝拉直，用手指沿着树枝由下往上搓，使整根树枝上的果实全部掉落在篮子里。采用这种方法，成熟及未成熟的果实会一并采收，对品质有负面影响。

（4）摇树采摘法

摇树采摘法就是采收人员用力摇动树干，使果实掉落地面，然后人工捡拾起来的方法。这种方法不一定能准确采收刚好成熟的果实，通常会将过熟且已显干枯的果实一起采收。

2．生咖啡豆的加工

咖啡除了栽种、采收费时外，采用高品质的加工方法，过程亦非常烦琐。生咖啡豆的加工方法主要有水洗法或湿洗、半水洗法和自然干燥法，应因不同地区、气候、咖啡豆的种类等因素而采用不同的加工方法。水洗法加工过程分以下几个步骤。

（1）水洗

新鲜的咖啡果实采收后，应在外果皮发酵前立即处理，将咖啡果实放入大型水槽中，注入清水，搅动后静置数秒，淘汰浮在水面上的不良或发育不完全的果实。连续数次，直到水槽内完全无浮起的果实，如图 1-12 所示。

图 1-12　水洗咖啡豆

（2）去皮

将水洗后的优良咖啡果实置入咖啡去皮机中，除去红色的外果皮，使外果皮与带壳的咖啡豆分离，如图 1-13 所示。

图 1-13　去皮后的咖啡豆

（3）发酵

去皮后的咖啡豆，果皮外附着许多黏汁，将其浸置于清水中约 36 个小时，使黏汁在浸泡过程中被天然的酶破坏，然后以清水搓洗数次至内果皮没有滑溜感。整个过程要确保发酵只会去除黏汁而不会破坏风味。

（4）脱水

将洗净的咖啡豆置入脱水机中 2～3 分钟，直到咖啡豆内果皮外附着的水分降至最少时，取出日晒。

（5）日晒干燥或低温烘干机干燥

将脱水后的咖啡豆置于太阳下晒干。通常以人工方式将咖啡豆平铺在水泥地上，用犁耙翻动曝晒，所需时间视阳光强弱而定，一般为 3～7 天，甚至更长，直到其含水量只剩11%～12%。通常，日照干燥的方式比机械干燥方法更好，因为日照更能保持咖啡豆的风味，由于费时，因此人工成本较高（图 1-14）。

咖啡豆的干燥过程非常重要，因为过度干燥会使咖啡豆易碎而失去品质，干燥不足又容易产生不必要的发酵、霉菌与细菌，或使咖啡豆在脱壳过程中受损。

图 1-14　日晒干燥咖啡豆

（6）脱壳

日晒干燥完成后，将带有内果皮硬壳的咖啡豆放入脱壳机中脱壳，直至内果皮、银皮与咖啡豆分离干净。

二、咖啡豆的烘焙

1．咖啡豆烘焙的定义

咖啡豆的烘焙指通过对生豆的加热，使生豆中的淀粉经高温转化为糖和酸性物质。在烘焙过程中，纤维素等物质会被不同程度地碳化，水分和二氧化碳会挥发掉，蛋白质会转化成酶和脂肪，剩余物质会结合在一起，在咖啡豆表面形成油膜层，并在此过程中生成咖啡的酸、苦、甘等多种味道，形成醇度和色调，生豆转化为深褐色豆。

由于烘焙过程中温度、热量等的微小变化便可改变咖啡豆的味道，不同的咖啡豆具有不同特点，因此必须准确控制烘焙过程并适时调整。小型咖啡烘焙机如图 1-15 所示。

图 1-15　小型咖啡烘焙机

2．咖啡豆烘焙的流程

在咖啡的处理过程中，烘焙是最难的一个环节，它既是一种科学，也是一种艺术。在欧美国家，有经验的烘焙师傅极受尊重。咖啡豆的烘焙大致分为以下 3 个阶段。

（1）烘干

在烘焙的初期，生豆开始吸热，内部的水分逐渐蒸发。颜色渐渐由绿色转为黄色或浅褐色，银皮开始脱落，可闻到淡淡的草香。

（2）高温分解

烘焙温度达到 160℃ 左右，豆内的水分会蒸发为气体。生豆内部由吸热转为放热，出现第一次爆裂声。在爆裂之后，咖啡豆又会转为吸热。咖啡豆内部产生极高压力，可达 25 个大气压力。高温与压力开始解构原有的组织，形成新的化合物，造就咖啡的口感与味道。到 190℃ 左右，吸热与放热的转换再度发生，咖啡豆的颜色由褐色转为深褐色，渐渐进入重烘焙阶段。

（3）冷却

咖啡豆在烘焙之后，一定要立即冷却，迅速停止高温裂解作用，将风味锁住。否则，咖啡豆内部的高温将会破坏芳香物质。

冷却的方法有两种：一是气冷式，二是水冷式。气冷式需要大量的冷空气，在 3 ～ 5 分钟内迅速为咖啡豆降温。水冷式速度虽慢，但干净而无污染，较能保留咖啡豆的香醇，为精选咖啡业者所采用。

3．烘焙程度及特征

从烘焙程度来看，烘焙程度越深，苦味越浓；烘焙程度越浅，酸味就越浓。选择何种烘焙程度，主要看咖啡豆本身的特性。对于本身苦味较强和酸味较淡的咖啡豆，一般选用中度较浅的烘焙程度，如表 1-3 所示。

表 1-3　烘焙度及特点

烘焙度	时间（min）/温度（℃）设定	特征	应用
浅度烘焙（Light）	12/230	无香味及浓度可言，咖啡豆还未熟，有生豆的青涩味	不适合饮用，主要用于试验
肉桂烘焙（Cinnamon）	13/235	一般的煎焙程度，留有强烈的酸味，咖啡豆颜色与肉桂相当接近	美国西部人士所喜好
较浅的中度烘焙（Mediam）	13/240	颜色加深，容易提取咖啡豆的原味，香醇、酸味可口	主要用于混合咖啡
中度烘焙（High）	14/240	颜色金黄色，中和了酸味和苦味，很爽口	适合蓝山和乞力马扎罗等咖啡品种，为日本、北欧人士所喜爱
较深的中度烘焙（City）	17/245	苦味较重，几乎没有酸味，香味独特	适合哥伦比亚及巴西的咖啡，为纽约人所喜爱
正常的烘焙（Full City）	19/250	无酸味，以苦味为主，苦味会加重，但优质的咖啡豆会有甜味	用于冰咖啡，为中南美人士所喜好
法式烘焙（French）	21/250	色泽略带黑色，苦味强劲，还会渗出油脂，苦味和浓度都加深	用于蒸汽加压器煮的咖啡
深烘焙（Italian）	23/250	咖啡豆乌黑透亮，已经炭化，有油脂渗出，呈巧克力色，苦味很强烈，咖啡豆原味难辨出，又称意大利式烘焙	用于意大利式蒸汽加压咖啡，适合贵妇人咖啡（牛奶咖啡）或冰咖啡用

三、咖啡豆的主要成分

1．水分

咖啡豆的水分含量在不同加工阶段有很大的差异，含膜的潮湿咖啡豆的水分含量约为 50%，干燥的生咖啡豆为 10% ～ 13%，焙炒过的咖啡豆水分含量仅为 5% 以下。

2．矿物质

咖啡豆中含有多种矿物元素，其中钾的含量约占全部矿物质含量的 40%，其次为钙、镁、磷、钠及硫等。矿物质约占生咖啡豆重量的 4%。

在咖啡的调制过程中，至少有 90% 的矿物质可从焙炒咖啡豆中提取出来，而在速溶咖啡的制作过程中，矿物质的提取率更高，几乎 99% 的钾可被提取。

3．碳水化合物

咖啡豆中所含的碳水化合物可以分成多糖类及低分子量糖类，后者包含单糖、双糖及三糖类等碳水化合物。碳水化合物经过焙炒之后，会散发出咖啡香气，吸附挥发性香气，使咖啡呈现特殊的风味。

4．低分子量糖类

咖啡豆在焙炒以后，低分子量糖类的变化依焙炒程度之不同而有所差异，以蔗糖的损失最为快速，其轻度焙炒的损失率为 97%，中度为 99%，重度焙炒为 100%。其他如葡萄糖、果糖及阿拉伯糖等，也都有相当程度的损失。

速溶咖啡粉通常含有少量的阿拉伯糖、牛乳糖及甘露糖，并含微量的蔗糖、核糖及木糖。

5．有机酸

在冲调咖啡时，酸度的表现是很重要的。酸度清爽的特殊口感，是高级咖啡必备的条件。焙炒程度较深的咖啡豆，其酸味的发展较少，甚至没有，而呈现另一种纯味咖啡的特质。

6．蛋白质及氨基酸

生咖啡豆粗蛋白含量为 13% ～ 16%，还含有多种酶和 0.15% ～ 0.25% 的游离氨基酸，影响咖啡风味较多，口味较少。

7．氯原酸

咖啡豆在经过焙炒以后，氯原酸不同程度地消失，它与咖啡的品质有密切的关系。

8．油脂

生咖啡豆的脂质由胚乳中的咖啡油及咖啡豆外层的蜡质组成。咖啡油含有甘油三酯和其他脂质成分，共同形成咖啡的特质。

9．挥发性物质

生咖啡豆不含咖啡的特殊香气，经过焙炒后才会生成大量挥发性香气物质。挥发性香气物质是咖啡风味的主要来源。焙炒过程中所生成的香气，如榛果味、奶油味及焦糖味，或者青草味、烟熏味、烧焦味、香辛味及苦味，多来自于挥发性物质，至少有 660 种以上。

10．果胶及木质素

果胶是由多种多糖类结合而成的物质，其主要成分为半乳糖酸的聚合物、俊糖酸及鼠李糖等，其含量达 3% 以上。木质素就是咖啡纤维，其含量约为 2.4%。

11．含氮化合物

生咖啡豆中所含氮化合物主要是植物碱、葫芦巴碱、烟碱酸、蛋白质及游离氨基酸等。

12．植物碱

植物碱主要成分为咖啡因。生咖啡豆中咖啡因的含量，因品种不同而有所差异。罗布斯塔种咖啡豆的含量较高，平均约为干咖啡豆重量的 2.2%；阿拉比卡种的含量较少，平均约为干咖啡豆重量的 1.2%。爪哇及科特迪瓦的咖啡豆，咖啡因的含量仅为 0.2%。咖啡因可用多种方法除去，商品咖啡豆一般控制为 0.1% ～ 0.2%。咖啡因有显著的苦味，人体摄入后，可快速地被吸收并通过尿液排出。

四、咖啡豆的购买

1．选购优质生豆的方法

（1）用颗粒大小来判断

咖啡豆颗粒大小与味道并无太大关系，只是大的比小的好看些，颗粒大小一致则烘焙均匀，因此，一定要选择颗粒大小一致的生豆。咖啡豆的大小一般用过滤网号码来表示，如表 1-4 所示。

表 1-4　咖啡豆大小过滤网号码

咖啡豆	过滤网号码	咖啡豆大小
平豆	20 ～ 29	特大
	18	大
	17	准大
	16	普通
	15	中
	14	小
	12 ～ 13	特小
圆豆	12 ～ 13	大
	11	准大
	10	普通
	9	中
	8	小

（2）以加工方法来判断

生豆的加工一般采用水洗法和非水洗法（自然干燥法）两种。

1）水洗法的咖啡豆中央裂缝的内果皮部分呈灰绿色，烘焙后茶褐色的咖啡豆中央线呈白色，有银色种皮残留下来。

2）非水洗法的咖啡豆中央裂缝的内果皮部分呈茶黄色，烘焙后咖啡豆的中央线和其他部分同呈茶褐色，几乎见不到银色种皮残留下来。

（3）以贮藏中因脱色、变色造成的差异来判断

可利用颜色判断新豆与陈豆。生豆在贮藏中颜色会起变化：新豆呈深绿色，水洗豆随时间的消逝会变白；当年的咖啡豆呈淡绿色，陈年的咖啡豆先是呈黄色，渐渐变黄白色。

旧豆的味道、香气虽不及新豆，但其稳定性好，用来与新豆混合，可消除新豆强烈的刺激感，创造出醇正风味。因此，常把精选的咖啡豆存放 2 ～ 3 年再拿出来用，使其产生独特的味道。

2．选购熟豆的方法

新购咖啡豆启封后保存时间一般为 1 个月，而咖啡粉保存时间一般不要超过 7 天，所以最好买咖啡豆自己现磨。购买咖啡豆时要关注其新鲜度，因为新鲜度是咖啡的生命。判定咖啡豆的新鲜度有 3 个步骤：闻、看、剥。

（1）闻

咖啡豆包装上一般有一个单向阀，用来排出咖啡豆自然释放的二氧化碳，购买时一定先看包装是否鼓起。咖啡豆在焙炒后的最初 5 天内才有这种气体，如包装是鼓起的，则凑近单向阀，品闻香气，容易闻到咖啡豆的香气，表示咖啡豆够新鲜；若是香气微弱，或是已经开始出现油腻味（类似花生或是坚果等放久出现的味道），表示咖啡豆已存放较长时间。咖啡豆不新鲜，是不可能煮出一杯好咖啡的。

（2）看

在断定咖啡豆的产地及品种后，注意观察以下 3 个方面：一是咖啡豆的出油状态；二是咖啡豆焙炒的色彩均匀度；三是看豆形。

要看咖啡豆的色彩是否一致，颗粒大小、外形是否相仿。综合豆如大小、色泽不一，属正常现象，单品豆若如此则是质量问题。每种咖啡豆都有其独特的外形，通过看豆形可以判断自己所购买的咖啡豆是否与包装上的标记相吻合。

（3）剥

新鲜咖啡豆能很容易地剥开，发出脆脆的声音；烘焙时的火力均匀，里外颜色是一致的。如果不新鲜，情况则与上述描写不一致。

总之，选购咖啡豆主要是凭经验。首先，从咖啡豆的外观上辨其好坏，看颗粒大小是否一致；是否有贝壳豆、黑豆、膨胀豆、蛀虫豆、残缺豆等瑕疵豆；色泽是否均匀，有无色斑。然后用鼻子闻香味，看是否浓郁醇香。最后剥豆，听声音是否清脆。

知识拓展

蓝山咖啡豆的识别

牙买加蓝山咖啡官方网站对蓝山咖啡给出了非常严格的定义：蓝山咖啡必须是生长在蓝山地区的、经过政府授权加工生产的咖啡。

蓝山咖啡微酸而醇香，且咖啡因含量极低（不足其他咖啡的一半），其加工、烘焙、包装等都有严格详细的标准，甚至对其成长过程中使用的有机肥料都有严格规定，只有遵循这些复杂精确的标准生产出来的咖啡，才能获得牙买加咖啡工业局颁发的质量保证书，正式冠以"蓝山"的名称。

那么，如何识别蓝山咖啡豆的真伪呢？

1．确认产地和品牌

在亚洲销售的蓝山咖啡豆都被日本的 UCC 公司所垄断（直接从牙买加进口的蓝

图 1-16　蓝山咖啡豆包装

山咖啡豆除外），正宗的蓝山咖啡豆应该是"UCC"品牌的（图 1-16），国内市场上其他品牌的蓝山咖啡豆可以认定是假冒的。

蓝山咖啡是牙买加蓝山地区高品质咖啡的统称，根据生产企业的不同，又分为不同的品牌，具体如下：A1 咖啡有限公司、牙买加咖啡有限公司、农场综合有限公司、Jablum 牙买加咖啡有限公司、纽卡斯尔蓝山咖啡种植者合作社、总理贸易有限公司、最高法院牙买加咖啡公司、国际咖啡商贸有限公司、牙买加咖啡公司、牙买加标准产品有限公司、蓝山咖啡合作社、圣陶沙名胜世界遗产有限公司、萨拉达食品牙买加有限公司、总理咖啡贸易有限公司。除去上述企业，其他公司生产的咖啡豆，即使是牙买加当地出产的，也不能算是正宗的蓝山咖啡豆。

2．检验包装

牙买加蓝山咖啡豆采用密封铝箔包装，外包装为粗麻袋，或者是原木桶（仅限于大分量的包装），牙买加是现今世界上唯一保留着咖啡豆木桶包装的国家。国内假冒蓝山咖啡豆一般也会采用木桶包装，但木桶是用油漆处理过的。

除 UCC 公司销售的牙买加蓝山咖啡豆之外，其他蓝山咖啡豆包装上印有蓝山咖啡标志。

蓝山咖啡豆是以盎司和磅为计量单位的，一般有 2 盎司、4 盎司、8 盎司（0.5 磅）、12 盎司、16 盎司（1 磅）等规格，直接以公斤为计量单位的蓝山咖啡豆基本都是假货。

3．检查等级

蓝山咖啡豆分为 5 个等级，分别是精选 Peaberry、Grade1、Grade2、Grade3 和优选蓝山，而国内市场上假冒蓝山咖啡豆通常采用 AAA 级、AA 级、A 级等标志。

4．验证价格

真正的蓝山咖啡豆价格昂贵，UCC 品牌的 1 号蓝山咖啡豆的售价超过 1000 元 / 磅。

5．检验外观

蓝山咖啡的生豆是青色的，外形整齐，形体中等偏小，两端微微上翘，烘焙后体积膨胀，豆形饱满、圆润。

6．检验研磨状况

蓝山咖啡生长在高海拔地区，其生豆的细胞质结构比较疏松，采用手动磨豆机研磨时会有明显的爽脆感，几乎没有生硬的感觉。

7．辨别香气

蓝山咖啡具有浓郁的水果香加巧克力香（也有认为是奶油香的）。经过烘焙后的蓝山咖啡豆香气浓郁、沉稳，而那些掺杂了其他品种的蓝山咖啡豆，香气轻浮，没有凝重感，极易消散。

8．品尝口味

蓝山咖啡的口感平顺，给人以醇厚的感觉，非常完美；而假冒的蓝山咖啡，要么口感单薄，要么刺激性过于强烈，总是找不到最均衡的感觉。

五、咖啡豆的保存

影响咖啡豆保存的主要因素是空气和水分，所以咖啡豆的生产和运输过程要保持干燥且避光。下面主要从生豆和熟豆两个方面来介绍咖啡豆的保存。

1．生豆的保存

咖啡生豆的保质期一般为 1 ～ 3 年，其保藏时间的长短、方法直接影响咖啡豆的品质。

（1）避免高温潮湿、阳光照射

生豆在保存时，一定要严防阳光直射，温度以 18 ～ 25℃为宜。尤其是夏季，要注意保持适宜的温度，不要超过 30℃，相对湿度则不宜超过 50%。同时，还要注意不能与有异味的物品存放在一起。

（2）注意通风、换气

通风装置除了能让生豆接触户外空气外，还有助于保持稳定的室温和除湿。要经常翻动腾挪，防潮防霉，防止滋生害虫，特别是春天要注意防霉或发酵。

（3）未启封与已启封咖啡豆的保存

未启封的咖啡豆要保存于阴凉、干燥、通风处。启封后的豆子，必须密封罐装，以避免氧气与咖啡豆接触，产生氧化后的油脂臭味。另外，密闭状态有利于咖啡香味的保存。

（4）清洁保鲜罐

保鲜罐的内壁可能附带有咖啡豆油脂、破碎豆残渣等物，与空气接触氧化后，会发出劣质气味，应及时清洁。一个保鲜罐只保存一种咖啡豆，否则会破坏咖啡豆各自原有的气味。

2．熟豆的保存

根据咖啡豆的烘焙深浅，选择适合的存放条件。

（1）浅焙豆的保存

浅度烘焙的咖啡豆香气稍浅一些，必须在干燥的环境中保存，如果带有湿气，氧化作用会给咖啡豆带来不新鲜的味道。

（2）深焙豆的保存

储存深度烘焙的咖啡豆,在储存之前把有焦臭味的咖啡豆清除掉。咖啡豆在深度烘焙后,表面会渗出浅烘焙没有的油脂。如果保存时间较长,受阳光、温度的影响,会使脂肪氧化变质,释放一种臭味,咖啡豆的品质便会迅速变差。

（3）存储地方

咖啡豆应储存在干燥、阴凉的地方。一般情况下，咖啡豆要放入保鲜袋内，封好开口后放进冷藏箱。如放在冰箱的保鲜室内，咖啡豆会吸收湿气，导致氧化变质。最好买一个不透光的密封罐保存咖啡豆。已烘焙的豆子在常温下可保存 7 天左右，在冰箱内或真空状态下可保存 15 天左右。如果是个人或家庭享用，最好一次不要买太多。

冷冻的咖啡只能解冻一次。因气温急速上升，表面凝结的水气和氧气会使咖啡豆加速变质。

为减少咖啡豆与空气接触的机会，可以将咖啡豆装入保鲜袋并用橡皮筋束紧，或将咖啡豆分为若干小包装，放入不透明的密封罐中，罐内要放一包干燥剂，放在阴凉的地方。

六、咖啡豆的研磨

不同的咖啡冲煮工具对咖啡粉的粗细程度要求是不同的。从萃取方法来看，滤泡杯、虹吸壶、摩卡壶、意式咖啡机，对应的咖啡粉是由粗到细，因此煮咖啡时应使用不同的咖啡磨豆机。

（一）咖啡豆研磨工具

1．手动磨豆机

（1）手动磨豆机的原理

手动磨豆机的关键部位是立体的锥形锯齿刀，磨豆刀由两块圆锥铁组成，圆锥铁的表面布满锯齿，这两块圆锥铁贴合之间的空隙，就是将咖啡豆研磨成粉的地方，如图 1-17 所示。

图 1-17　手动磨豆机

（2）手动磨豆机的操作

手动磨豆机的操作步骤如表 1-5 所示。

表 1-5　手动磨豆机的操作步骤

步骤	操作过程	示意图
1	调粗细：将顶上的螺丝拧下来，打开手柄，将标志刻度的铁条放在适当的位置上，再将手柄和螺丝重新安装上去	
2	将咖啡豆投入磨盘中	
3	摇动手柄开始研磨，注意用力要适当，保持匀速	
4	咖啡粉落到下面的粉仓，取出磨好的咖啡粉	

图1-18　鬼齿式磨豆机

2．电动式磨豆机

（1）鬼齿式磨豆机

鬼齿式磨豆机的锯齿刀由两片齿轮刀片组成，齿轮上布满锋利锯齿。启动后，咖啡豆被带进刀片之间，被切割与碾压成细小的微粒。这种磨豆机研磨速度快，但机器易发烫、粉较粗。鬼齿式磨豆机如图1-18所示。

鬼齿式磨豆机的操作步骤如表1-6所示。

表1-6　鬼齿式磨豆机的操作步骤

步骤	操作过程	示意图
1	将适量咖啡豆投入磨豆机中	
2	调节好研磨刻度，刻度越小，磨出的咖啡粉越细；刻度越大，磨出的咖啡粉越粗	
3	开启研磨开关，咖啡豆被快速磨成粉末	

（2）平刀式磨豆机

平刀式磨豆机的磨头由两个平式磨盘式刀片组成，当咖啡豆掉入磨盘，平刀锋利的刀片将咖啡豆研磨成小颗粒。此种磨豆机研磨的颗粒细致均匀，适合意式萃取咖啡使用。平刀式磨豆机如图1-19所示。

平刀式磨豆机的操作步骤如表1-7所示。

图 1-19 平刀式磨豆机

表 1-7 平刀式磨豆机的操作步骤

步骤	操作过程	示意图
1	将适量咖啡豆投入磨豆机	
2	转动磨豆机刻度，调整研磨粗细	
3	启动按钮，咖啡机磨豆	
4	顺时针搬动咖啡粉仓开关，将咖啡粉填入蒸煮头内，并填压好	

（二）咖啡豆的研磨度

一杯优质的咖啡离不开优质的咖啡豆,鉴别咖啡豆的质量,还可通过观察咖啡豆的烘焙、研磨和冲泡状态来判断。烘焙是咖啡豆加工的重要环节,而研磨则是咖啡豆加工的关键环节。

咖啡豆因研磨颗粒的大小不同,冲泡出来的口味各有差异。研磨越细,苦味越浓;反之,研磨越粗,酸味越重。此外,因颗粒粗细不同,所需的萃取时间也会不同。

咖啡豆的研磨度如表1-8所示。

表1-8　咖啡豆的研磨度

研磨度	示意图	说明	适合冲煮器具
极细研磨		粗细程度与细白砂糖大致相当。研磨此级颗粒需要专用的研磨器具。因苦味很浓,最适合做蒸馏咖啡	意式浓缩咖啡机
细研磨		粗细程度与砂糖相当,最适合冲泡荷兰式咖啡。如果要加强苦味,滴滤式冲泡也可	咖啡蒸馏机（又称水滴式咖啡器）
中细研磨		粗细程度与颗粒砂糖相当	虹吸壶、摩卡壶、滤泡壶
中度研磨		粗细程度介于颗粒砂糖与粗粒砂糖之间,最适合虹吸壶式冲泡	滤泡式、法兰绒滤网式、虹吸式咖啡壶等
粗研磨		粗细程度相当于粗粒砂糖,苦味轻、酸味重,最适合直接用开水煮的冲泡方法	滤泡式咖啡壶

知识拓展

磨豆机的清洁

使用磨豆机后要及时清理附着在其内部的咖啡粉，否则残留物质氧化变质，下次研磨新鲜咖啡豆时会混入其中，影响咖啡的风味。清洁步骤如下：

1）将磨豆机的研磨室、储纳室拆卸下来。

2）准备好螺丝刀、刷子、小容器（用于装刷下来的咖啡粉）。

3）用螺丝刀将磨头部分拆下来。注意不要触及磨豆机的电路和电机部分，以免损坏。

4）先用刷子清洁外部，再用刷子清扫拆卸下来的磨头和储藏室中的转轮，放入专用清洁剂和去味剂的水池中洗刷，最后用清水漂洗干净，用干毛巾擦净水分，置于通风处晾干。

5）依次将弹簧、4毫米长方键、齿盘组装回去。

6）对准后再将送料器装上去。可以压试送料器，看看是否顺畅。

7）将刻度调整钮装回去，注意箭头朝下。

8）所有部件经过清扫、清洁、擦拭、晾干处理之后，用螺丝固定。

职场拓展

老人与咖啡豆

一位老人走在路上，遇到了一颗咖啡豆。

咖啡豆对老人哭泣着说："为什么我那么不起眼？我又丑又苦又涩，还不能当粮食。"

老人微笑着说："你的苦，只是你的外皮。也许你不知道你的香味人人都喜欢呢。"

咖啡豆摇摇头说："您不知道。我虽然有香气，但是煮成了咖啡我仍是苦的。"

老人对咖啡豆说："仔细想想，对我而言，咖啡或许很涩，加了牛奶就温润；咖啡或许很苦，加了砂糖就香甜；咖啡或许很烫，加了冰块就冰凉；咖啡或许味道单调，加了香料又是别有一番滋味。话又说回来，你说咖啡苦，有些人以喝黑咖啡为乐呢，还有人爱喝Espresso（意式浓缩咖啡）呢"。

咖啡豆仍有些许疑惑，说："也许您说的没错，我可以因为大家的喜好有很多变化，但是他们只是喜欢我的汁液，却鄙弃我所剩的咖啡渣。"

老人微笑道："世上每一种东西都有它好的一面与它不好的一面。我敢说，大家不会因为吃到你又酸又苦的咖啡渣就全盘否定你的价值。一杯咖啡不会因为加了奶精、糖就变得不是咖啡了。咖啡不管怎么变，咖啡就是咖啡。但是如果因为咖啡的变化，能够让更多的人体会到咖啡的美好而感到幸福，那又有什么好自卑的呢？你应该感到高兴与骄傲呀！"

正确认识自己，是成长、成功的必经之路。要相信是金子总会发光的，要相信这个世界总有我的一席之地。

人的一生没必要在一棵树上"吊死"，职场也是如此，相信"天生我材必有用""三百六十行，行行出状元"。

思考与讨论

1．你是一个有自信的人吗？

2．听完咖啡豆的故事你有什么感想？

3．你应该如何培养自信？

第五单元　咖啡的品鉴

你知道吗？

1．什么是单品咖啡？它与精品咖啡有何联系？

2．世界各国的咖啡豆有什么特点？

3．如何选择合适的咖啡杯？

4．喝咖啡有哪些礼仪？

大多数咖啡师通过咖啡的风味、醇厚度、酸度和湿香气是否宜人来评判咖啡的优劣，即行业术语中的杯品（杯测）。

一、单品咖啡和精品咖啡

（一）单品咖啡

单品咖啡指用原产地出产的单一咖啡豆磨制冲煮而成，饮用时一般不加奶或糖的醇正咖啡，即"黑咖啡"。很多人用"苦"字来概括单品咖啡的口感，其实咖啡包含的味道十分丰富，绝不是一个"苦"字就能概括的。不同的单品咖啡具有不同的特性和风味，据有关专家称，单品咖啡有 1000 多种味道。

常见的单品咖啡有蓝山咖啡、曼特宁咖啡、哥伦比亚咖啡、摩卡咖啡、炭烧咖啡、巴西咖啡、夏威夷可纳咖啡、琥爵咖啡等，口感或清新柔和，或香醇顺滑。它们多数以咖啡豆的出产地命名，摩卡咖啡和炭烧咖啡的命名却是例外。

（二）精品咖啡

精品咖啡也称特种咖啡或精选咖啡，是指用在少数极为理想的咖啡地理环境中生长的、具有优异味道特点的咖啡生豆所制作的咖啡。精品咖啡豆质地坚硬，磨制的咖啡口感丰富、风味特佳，其出众的风味品质取决于生长的特殊的土壤和气候条件及严格挑选与分级，是单品咖啡中的上品。

1．精品咖啡的产生与发展

"精品咖啡"一词最早是由美国的努森女士在《咖啡与茶》杂志上，针对行业内忽视咖啡生豆质量，为拯救咖啡业而提出的新概念。

努森女士认为，人们一开始饮用的就是精品咖啡，因供小于求而使咖啡经营者以次充好，造成部分人们厌弃咖啡。为了让人们重新认识咖啡的价值，美国出现了以星巴克为代表的追求精品咖啡的企业和店铺，掀起了精品咖啡热潮。

在 20 世纪 90 年代，精品咖啡成为餐饮服务行业增长最快的领域之一，全世界的咖啡生产国和进口国都意识到精品咖啡市场的巨大潜力，转向了精品咖啡的生产和制作。只要是美味的咖啡，咖啡消费者就愿意花高价钱购买；只要提供美味咖啡，消费者就不会离弃咖啡，市场也就会扩大。

2．精品咖啡的特点

1）必须是无瑕疵的优质咖啡豆，有出众的风味，"味道特别好"。

2）必须是优良的咖啡品种，如原始的波旁种、摩卡种、蒂皮卡种，其咖啡豆具有独特的香气及风味，远非其他品种能比，但产量低。

3）生长环境有较高要求，一般生长在海拔 1500 米甚至 2000 米以上的地方，具备适宜的降水、日照、气温及土壤条件。

4）精品咖啡豆由人工采收。采摘成熟的咖啡果，以保证咖啡味道的均衡性和稳定性。

5）精品咖啡豆加工采用水处理方式，通过严格的分级减少瑕疵豆，保证品质的均一，并及时、适度烘干。

6）精品咖啡制作采用手工冲泡方式，充分发挥咖啡豆的风味。

3．精品咖啡的评判标准

一般认为精品咖啡要具备 4 个条件：一是由精品咖啡豆制作的；二是必须是新鲜的咖啡豆；三是对健康有益；四是有丰富美好的味觉感受。目前国际社会上没有明确、统一的精品咖啡评判标准，下面介绍美国精品咖啡协会标准和生产国评价标准。

（1）美国精品咖啡协会标准

1）是否具有丰富的干香气（Fragrance，指咖啡烘焙后或研磨后的香气）。

2）是否具有丰富的湿香气（Aroma，指咖啡萃取液的香气）。

3）是否具有丰富的酸度（Acidity，指咖啡的酸味）。丰富的酸味和糖分结合能够增加咖啡液的甘甜味。

4）是否具有丰富的醇度（Body，指咖啡液的浓度与厚重感）。

5）是否具有丰富的余韵（Aftertaste，指咖啡的余味）。

6）是否具有丰富的滋味（Flavor，指咖啡液的香气与味道）。

7）味道是否平衡（Balance，指咖啡各种味道之间的均衡度和结合度）。

（2）生产国评价标准

1）精品咖啡的品种，以阿拉比卡原有品种蒂皮卡种或波旁种为佳。

2）栽培地或农场的海拔高度、地形、气候、土壤是否明确。一般生长地海拔高度高的咖啡品质较高，土壤以肥沃的火山土为佳。

3）采收法和加工法。一般采用人工采收和水洗式精制法加工为佳。

（三）著名的咖啡

1．蓝山咖啡：尊贵的王者

蓝山咖啡号称"咖啡之王"，是精品咖啡中的极品，因其产于牙买加的蓝山山脉而得名。蓝山咖啡豆形较大，口感醇香、柔顺、微酸，风味细腻，口味清淡，无论是酸、苦、甘都较为均匀，不加糖，不加奶，最能感受到它的卓越品质（图1-20）。

图1-20　蓝山咖啡豆

蓝山咖啡产量极少，日本人控制了牙买加蓝山咖啡90%的生产量，流通到其他国家的蓝山咖啡量极少，因此普通咖啡馆里的蓝山咖啡很难有真货，多数是特调蓝山咖啡，即用几种咖啡豆拼配，调出带有蓝山风味的咖啡。

2．琥爵咖啡：顶级咖啡的代名词

琥爵咖啡产自古巴高海拔地区的水晶山，以其醇香柔滑的口感而著名。全部经过手工采摘、水洗式精制法和精心烘焙的琥爵咖啡只做单品咖啡，其口感和纯度是特调咖啡无法比拟的（图1-21）。

图1-21　琥爵咖啡

深度烘焙的琥爵咖啡，有细微的果酸味和特有的果香味，不强烈但持久，入口柔滑，口感浓醇，略含葡萄酒一样的微苦及淡淡甜味。

3．夏威夷可纳咖啡：秀外慧中的王后

和蓝山咖啡一样，纯正的夏威夷可纳咖啡对产地要求严格，并非夏威夷群岛生产的所有咖啡都可称为夏威夷可纳咖啡，只有在夏威夷岛西南的瓦拉莱及莫纳罗亚山山坡种植，并接受最严格标准认证的咖啡豆，才能够冠以"夏威夷可纳"商标销售。真正的夏威夷可纳咖啡属于咖啡中的珍品，价格仅次于蓝山咖啡。

夏威夷的气候条件非常独特，多数日子的下午都会飘过朵朵白云，随之而来的是一阵降雨，这对咖啡树的生长起了天然的遮阴作用，由此长成的咖啡豆带有巧克力风味，令人一饮再饮，依然觉得风情万种，让人欲罢不能。

夏威夷可纳咖啡豆外形非常秀美，果实饱满，光泽迷人，如同王后般美丽、高贵而大气，口感上则有强烈的酸味和甜味，有无比丰富的内在世界（图1-22）。

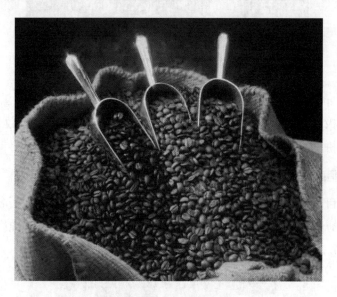

图1-22　夏威夷可纳咖啡豆

4．曼特宁咖啡：苦涩练就的爱

在蓝山咖啡出现之前，曼特宁咖啡是世界上最好的咖啡。曼特宁咖啡产于印度尼西亚的苏门答腊岛，曼特宁是当地一个民族的名称。

曼特宁咖啡豆形较大，豆质较硬，适合中深度以上的烘焙，口感偏苦，酸度较低，醇度、香度都很高。苦醇香、香浓苦是其最主要特性。

品曼特宁咖啡犹如经历一次愉快的历程——先是扑鼻而来的咖啡浓香，接着感受到浓烈的苦味，苦味过后则是绕舌尖久久不能散去的甘甜，令人心醉不已。品一杯曼特宁咖啡，如同经历一次人生的跌宕起伏。曼特宁咖啡豆如图1-23所示。

图 1-23　曼特宁咖啡豆

5．哥伦比亚咖啡：哲人气质

哥伦比亚咖啡产自哥伦比亚，当地温和的气候和潮湿的空气使之别具特色，它与鲜花、黄金、绿宝石并称为哥伦比亚"四宝"。

哥伦比亚咖啡豆豆形偏大，生豆带淡绿色，口感偏酸，苦度较低，适合中度烘焙。

哥伦比亚咖啡口感温和、甘醇、微酸至中酸，非常适合思考时品饮，它能把思考者引向心灵深处，审视自己真正的需要。

6．摩卡咖啡：我心狂野

摩卡咖啡产自非洲的埃塞俄比亚，种植历史可以追溯到 500 多年前。

摩卡咖啡豆粒很小，其特性为味醇香，带润滑的中酸至强酸，甘性特佳。这种酸味不同于哥伦比亚咖啡，哥伦比亚咖啡的酸味有如绅士般温文尔雅，需要慢慢品饮才能体会得到；摩卡咖啡的酸味却是呼之欲出，带有一股狂野的辣劲，令人心潮澎湃，如痴如醉。摩卡咖啡豆如图 1-24 所示。

图 1-24　摩卡咖啡豆

7．巴西咖啡：生活的真谛

巴西是世界上最大的咖啡生产国和出口国，其咖啡产量虽大，质量却由于地域和气候的差异而显得参差不齐，山度士咖啡为其代表品种，而山度士咖啡豆亦是制作意大利浓缩咖啡的最好原料。

巴西咖啡中性、中苦、浓香、微酸、微苦、内敛，带有柔和的青草清香。巴西咖啡以相对清淡的口感，入口平滑顺爽，风格温和，使人感觉到亲切和蔼。巴西咖啡豆如图1-25所示。

图1-25　巴西咖啡豆

知识拓展

咖啡秘闻

1．摩卡的含义

1）摩卡最早是指也门的一个海港名，现指咖啡豆。

2）摩卡可可咖啡是一种带有巧克力风味的花式咖啡。

3）摩卡壶是煮咖啡的一种器具，适合煮意式咖啡。

2．曼特宁咖啡的来历

曼特宁咖啡的名称来源于印度尼西亚的曼特宁民族。第二次世界大战时，一位日本人在印度尼西亚的一家咖啡馆喝到香醇无比的咖啡，问店主这是什么咖啡，老板误以为日本人问自己是哪儿的人，于是回答说"曼特宁"。第二次世界大战后，这个日本人回忆起在印度尼西亚喝过的"曼特宁"，于是购买了15吨"曼特宁"咖啡豆到日本，竟然大受欢迎。现在众所周知的曼特宁咖啡，产于印度尼西亚苏门答腊岛，具有独特的草药、林木的清香。

3．价格昂贵的咖啡——猫屎咖啡

产于印度尼西亚的猫屎咖啡，是世界上最珍贵的咖啡。

这种咖啡来自于一种叫Luwak（当地俗称麝香猫）的动物排泄物。野生的麝香猫属于杂食动物，有尖尖的嘴巴和深灰色的皮毛，最喜欢的食物就是新鲜的咖啡豆。咖啡豆在

其体内发酵和消化，最终成为粪便排泄出来，其形状就如同一粒粒的咖啡豆（图1-26）。由于数量非常稀少，因此猫屎咖啡的价格非常昂贵。

经过加工和烘焙，猫屎咖啡成为奢侈的咖啡饮品。据说这种咖啡年产量不超过500磅（约合226.8千克），每磅的价格为300～800美元，是名副其实的奢侈品。一袋50克包装的猫屎咖啡价值1500元，只能泡3～4杯，一杯售价约为400元人民币。当地的咖啡农为了追逐高额利润，将野生的麝香猫捉回家中饲养，以便可以产出更多的猫屎咖啡，但品质差了很多。

图1-26 猫屎咖啡

猫屎咖啡的土腥味很重，稠度则接近糖浆，有一种很特殊的香味。在喝完之后，口中还会留有淡淡的似薄荷一般的清凉感觉，这是一般咖啡所没有的独特味道。喝完一杯猫屎咖啡，深吸一口气或是含上一口凉水，便能明显感觉到由口至喉一股清凉，真似刚吃完一颗薄荷润喉糖。

4. 埃塞俄比亚精品咖啡的代表——耶加雪咖啡

耶加雪咖啡是埃塞俄比亚精品咖啡的代表，它有着很特别的柑橘果香及花香，使其成为世界上最有特色的咖啡之一。耶加雪咖啡的香味在所有咖啡品种中比较特别，很柔和，也很清澈，在冲泡和品饮的过程，都会有种果酸的味道。中浅度烘焙的耶加雪咖啡有扑鼻的花香、明显的干柚酸香和蜂蜜的甜香，酸质浓郁，柔软宜人，如清新少女般的清爽魅力。深烘焙耶加雪咖啡口感会变得很狂野，带有生姜的辛辣，喝时会感觉舌头有点麻麻的感觉。

5. 柑橘水果香味的咖啡——肯尼亚咖啡

肯尼亚咖啡有鲜明的水果香味，具有多层次的口味和果汁的酸度，以及完美的柚子和葡萄酒的风味，醇度适中，是许多咖啡业内人士最喜爱的单品咖啡。肯尼亚咖啡凭借好莱坞电影《走出非洲》（Out of Africa）的轰动而为世人所知。

肯尼亚咖啡带有巴西血统，由于水土、气候和处理方式存在差异，肯尼亚咖啡的风味和巴西咖啡的风味截然不同。肯尼亚咖啡风味清新，适合夏天做冰咖啡饮用。品尝这款咖啡时，如果搭配上柚子之类带有酸味的水果，会有很好的咖啡体验，"不太像咖啡，倒有点像水果茶"。

肯尼亚咖啡豆有严格的分级制，有7个等级，最高级为AA或AA+，其次依序为AB、PB、C、E、TT、T。

二、云南小粒种咖啡——咖啡的后起之秀

云南咖啡又称云南小粒种咖啡，有100多年的栽培历史。土壤肥沃、日照充足、雨量丰富、昼夜温差大等优越的自然条件造就了云南小粒种咖啡浓而不苦、香而不烈、略带果味的特点。专家评价，云南小粒种咖啡是全世界最好的咖啡之一，如图1-27所示。

图 1-27　云南小粒种咖啡

云南小粒种咖啡主要分布在海拔 800 ～ 1800 米的临沧、保山、普洱、西双版纳、德宏等地。优质的云南小粒种咖啡树大多种植于海拔 1100 米左右的干热河谷地区（生长地海拔太高则味酸，太低则味苦），种植 3 ～ 4 年后开始结果。目前，云南小粒种咖啡的种植面积已超过 2.1 万公顷（1 公顷 =0.01 平方千米），年产量超过 8 万吨。

南岛位于普洱市南屏镇南岛河村，海拔 1480 米，是普洱最为著名的咖啡小镇。这里的咖啡品质优良，一直被雀巢咖啡、星巴克、麦斯威尔等企业争相收购。南岛咖啡豆如图 1-28 所示。

图 1-28　南岛咖啡豆

1．云南小粒种咖啡豆的加工

云南小粒种咖啡豆的加工均采用水洗法，成熟的咖啡果采摘后去皮（24 小时内进行）、发酵（时间根据天气、气温、同批次咖啡果的数量而定，一般为 12 ～ 24 小时）、水洗（洗掉附着在咖啡豆上的黏滑物质）、水冲分级（咖啡果壳、瘪豆、饱满度差的咖啡豆被冲出水槽，留下饱满度最好的咖啡豆），然后在日光下晾晒。饱满度最好的云南小粒种咖啡豆呈黄绿色。

2．云南小粒种咖啡豆的烘焙

烘焙最重要的作用是能够将豆子的内、外部都均匀地炒透而不过焦。咖啡 80% 的风味取决于烘焙，是冲泡好咖啡最重要也最基本的条件。云南小粒种咖啡的烘焙可采取以下方式。

（1）肉桂烘焙和都市烘焙

肉桂烘焙（图1-29）是最轻度的一种烘焙，烘焙后咖啡豆表层没有油脂。都市烘焙比肉桂烘焙的程度深些，咖啡豆表层没有油脂。

（2）维也纳烘焙

维也纳烘焙（图1-30）是一种中度烘焙，烘焙后油脂刚在表层出现，有深棕色的斑点。

图1-29　肉桂烘焙后的咖啡豆

图1-30　维也纳烘焙后的咖啡豆

（3）意式烘焙

经过意式烘焙（图1-31），咖啡豆的表面油脂覆盖过半，呈现奶油巧克力般的棕色。

（4）法式烘焙

经过法式烘焙（图1-32），咖啡豆的表面布满油脂，颜色像苦巧克力，咖啡豆已炭化，口味比较浓重，是欧洲人喜欢的风味。

图1-31　意式烘焙后的咖啡豆

图1-32　法式烘焙后的咖啡豆

三、咖啡杯

喝咖啡如同喝水一般，是一件很自然的事情。但是要喝上一杯好咖啡，除了注意制作技巧及选豆等外，咖啡杯的选用也极其重要。好的咖啡杯可以说是泡制、享用好咖啡的重要前提。

1．咖啡杯的种类

咖啡杯一般有陶质、瓷质、玻璃质等质地。骨瓷质咖啡杯的原材料内含有动物骨灰，可以使杯中咖啡的温度降低较慢，但价格昂贵，家庭较少使用，多在比较讲究的咖啡馆中使用。

2．咖啡杯的尺寸

1）100毫升以下的小型咖啡杯（图1-33），多用来盛装意式浓缩咖啡或单品咖啡。

2）200毫升左右的一般咖啡杯（图1-34），是最常见的咖啡杯，清淡的美式咖啡多用此类杯子盛装，饮用者可自行调配，添加适量的奶和糖。

3）300毫升以上的马克杯（图1-35）或法式欧蕾专用牛奶咖啡杯，适用于盛装加入大量牛奶的咖啡，如拿铁、美式摩卡。只有用马克杯，才足以包容上述咖啡香甜多样的口感。

图1-33　小型咖啡杯

图1-34　一般咖啡杯

图1-35　马克杯

3．咖啡杯的颜色

咖啡液的颜色呈琥珀色，并且很清澈。为了将咖啡的这种特点显现出来，最好用杯内表面为白色的咖啡杯。一些咖啡杯内表面有各种颜色，甚至描绘了复杂的花纹，会影响从颜色上对咖啡优劣的判定。

4．咖啡杯的适用性

一般而言，陶质杯较适合深焙且口味浓郁的咖啡，瓷质杯则适合口感较清淡的咖啡。另外，意大利浓缩咖啡一般用100毫升以下的小咖啡杯；牛奶比例较高的咖啡，如拿铁、法国牛奶咖啡，多使用没有杯托的马克杯。

根据个人的喜好，选购咖啡杯时除了要注意查看杯子的外观，还要注意使用是否顺手。从杯子的重量上看，以较轻盈的为宜，因为较轻盈的杯子质地较密致，杯面紧密而细致，不易附着咖啡垢。

5．咖啡杯的清洗

质地优良的咖啡杯，杯面紧密，毛孔细小，不易附着咖啡垢，饮用咖啡后，只要立即以清水冲洗，即能保持杯子的清洁。若咖啡垢附着在杯子表面，可将杯子放入柠檬水中浸泡，以去除咖啡垢。如果还不能将咖啡垢彻底清除，可将中性洗碗剂倒在海绵上，轻轻地擦拭清洗，再用清水冲净。在清洗咖啡杯的过程中，不要使用硬质的刷子，也不要使用强酸、强碱性的清洁剂，以避免咖啡杯的表面受损。

四、咖啡礼仪

1．拿咖啡杯的要求

在餐后饮用的咖啡，一般用袖珍型杯子盛出。这种杯子的杯耳较小，手指无法穿过。即使用较大的杯子，也不要用手指穿过杯耳端杯子。咖啡杯的正确拿法应是拇指和食指捏住杯把再将杯子端起。

2．咖啡匙的作用

首先，咖啡匙是专门用来搅咖啡的。饮用咖啡时应当把它取出来，不能用咖啡匙舀着咖啡一匙一匙地慢慢喝，也不要用咖啡匙捣碎杯中的方糖。

其次，咖啡匙可用来加糖。给咖啡加糖时，砂糖可用咖啡匙舀取，直接加入杯内；方糖则直接用夹子夹在咖啡碟的近身一侧，再用咖啡匙将方糖加在杯子里。如果直接将方糖放入杯中，可能会使咖啡溅出弄脏衣服或台布。

最后，咖啡匙可给咖啡降温。刚刚煮好的咖啡太热，可以用咖啡匙在杯中轻轻搅拌使之冷却，或者等待其自然冷却，然后饮用。用嘴试图去把咖啡吹凉，是很不文雅的动作。

3．杯碟的使用

盛放咖啡的杯碟都是特制的，应当放在饮用者的正面或者右侧，杯耳应指向右方。饮咖啡时，可以用右手拿着咖啡的杯耳，左手轻轻托着咖啡碟，慢慢地移向嘴边轻啜。不宜满把握杯、大口吞咽，也不宜俯首去喝咖啡。喝咖啡时，不要发出声响。添加咖啡时，不要把咖啡杯从咖啡碟中拿起来。

4．喝咖啡与用点心

喝咖啡时可以吃点心，但不要一手端咖啡杯，一手拿点心，喝咖啡时应当放下点心，吃点心时则放下咖啡杯。

温馨提示

1）喝咖啡之前，先喝一口冰水。冰水能清洁口腔，有利于咖啡味道鲜明地浮现出来，让舌头上的每一个味蕾都能充分做好享受咖啡美味的准备。

2）喝咖啡应趁热喝。因为咖啡中的鞣酸很容易在冷却的过程中发生变化而使口味变酸，进而影响咖啡的风味。

3）喝一口黑咖啡，心中想到此杯咖啡是大自然 5 年孕育的结果。它经历了采收、烘焙等繁杂程序，由煮咖啡的人悉心调制而成。先趁热喝一口不加糖与奶精的黑咖啡，感受一下咖啡在未施脂粉前的风味。然后加入适量的糖，再喝一口，最后再加入奶精。

4）适量饮用咖啡，有利于身体健康。咖啡中含有咖啡因，每天饮用不宜超过 3 杯。

五、咖啡口味的鉴别

从味觉方面来品味咖啡，主要有酸、苦、甜、涩、醇香，即常说的"四味一香"。

首先是浓烈感。咖啡喝下后，很浓烈，整个口腔都有充实感，长时间不会消失，这是上等咖啡的口感。有的咖啡喝起来像一杯白开水，淡淡的，没有任何感觉，没有咖啡应有的浓郁的芬芳味道。

其次是涩味。这是特别让人口腔感到干燥的回味，许多人不喜欢。咸味几乎不会在咖啡中出现，除非咖啡豆曾浸泡过海水。

舌头是人类的味觉感知器官，舌尖主要感受甜味，舌头两侧感受酸味，而舌根感受苦味。这就是为什么我们喝咖啡时，一口喝下，咖啡液由舌尖流过舌根再咽下咽喉，会感知到甜味消失得很快，而苦味则在口中停留较久。味觉在舌头的分布如图 1-36 所示。

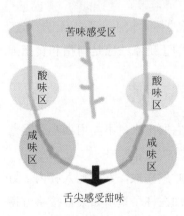

图 1-36　味觉在舌头的分布

职场拓展

你会喝咖啡吗

一个中国人在法国咖啡店受到了"价格歧视"。因为她发现，同样的一杯咖啡有 1.4 欧元、4.25 欧元、7 欧元 3 个价位，而自己在埋单时，服务员竟收了她最贵的价钱。习惯了"顾客就是上帝。"面对不公正待遇，这位女士不禁愤愤不平。于是她问身旁的朋友到底是怎么回事，朋友告诉她，在这家店，如果你对服务员说的是"给我来杯咖啡"，那么价格就是 7 欧元；如果说的是"请给我一杯咖啡"，那么价格就是 4.25 欧元；而如果你说的是"您好，请给我一杯咖啡好吗"或者给陌生人一个拥抱，那么价格就是 1.4 欧元。

原来如此！听完这些，她顿感羞愧，中国服务员那种"呼之即来，挥之即去"的服务态度俨然让很多人丧失了基本的文明礼仪。法国这样一家普通的咖啡店竟选择用这样一杯"礼貌咖啡"来提醒众人以礼相待，法国人的礼貌与优雅果然是深入骨髓，无处不在。

其实，当你觉得自己受到了不公正待遇的时候，不要急着抱怨别人，而是要先想想，自己是否破坏了这个世界的平衡。有句话说得好："人无礼则无以立。"要想不被歧视，就要时刻注意自己的言行举止。永远不要把别人的服务当成理所当然，任何时候，你都是需要为自己的行为埋单的。

思考与讨论

1．看完这个故事你有何感想？

2．你知道喝咖啡的基本礼仪吗？

第六单元　咖啡与健康

1．经常喝咖啡对身体健康有哪些好处？

2．喝咖啡能美容吗？

3．是否每个人都适宜喝咖啡？

一、咖啡的保健功能

1．预防胆结石

最新研究发现，每天喝2～3杯咖啡的男性，患胆结石的概率比不喝咖啡的男性低40%；每天喝咖啡达4杯以上的男性，患胆结石的概率比不喝咖啡的男性低45%。胆结石主要由胆固醇形成，缺乏运动、饮食油腻或体重过重是主要病因。咖啡所含的咖啡因能刺激胆囊收缩，并减少胆汁内容易形成胆结石的胆固醇含量。

2．改善眼睛干涩

国外的研究报告指出：喝咖啡者患干眼症的概率明显比不喝咖啡者低。滴眼剂的主要成分是嘌呤，能刺激腺体分泌液体，对眼睛具有保健作用。咖啡就含有嘌呤，因此常喝咖啡对眼睛有保护作用。

3．保健大脑

现代医学研究证明，咖啡对人体有益的方面主要是醒脑提神，能消除头痛，使人兴奋。喝咖啡能消除疲劳，并能促进思维活跃，特别是能令女性头脑更加聪明。

4．防止放射伤害

印度科学家研究发现，注射了咖啡因的白鼠在接受足以致死的高剂量放射线后，有70%在25天后仍然存活，没有接受注射咖啡因的白鼠则全部死亡，可见喝咖啡可以抵御放射物质的伤害。

5．抗氧化及护心

咖啡所含的多酚类物质有抗氧化和保护心血管的功能。

6．除臭

咖啡还有消除臭味的功效，吃大蒜后喝杯咖啡有意想不到的效果。煮过的咖啡渣晒干后，用布包好放进冰箱或鞋柜里可帮助除去异味，放在厕所则有利于除臭。

7．利尿

喝咖啡能加速人体的新陈代谢，促使人出汗和排尿。

二、喝咖啡的禁忌

饮用咖啡有讲究，若饮用不当，会对人体造成伤害。

1．空腹不喝咖啡

咖啡一般在餐后饮用，有助于消化。空腹喝咖啡会加剧饥饿感，易引起胃部不适。

2．进餐不喝咖啡

进餐不喝咖啡，否则会影响胃肠对食物中矿物质及其他营养物质的吸收。

3．喝咖啡不过量

一次喝咖啡以 50 ～ 100 毫升为宜，浓度适中。每天喝 2 ～ 3 杯咖啡为宜。

4．放糖不宜多

咖啡本身就是一种高热量的饮品，放糖过多，会使热量倍增，长期饮用，会使人体发胖。

5．不宜与酒同饮

咖啡主要成分是咖啡因，适当饮用，具有兴奋、提神和健胃的作用，过量会导致中毒。酒精和咖啡同饮，会使大脑由极度兴奋转入极度抑制，并刺激血管扩张，加快血液循环，增加心脑血管的负担，严重时会危及生命。同样，酒后也不宜喝咖啡。

三、咖啡与美容

（一）巧用咖啡瘦身美体

1．运动前喝咖啡可瘦身

咖啡中的咖啡因具有促进脂肪代谢的作用，有利于溶解脂肪，具有一定的减肥效果。通常，一天喝 4 杯不加糖和牛奶的咖啡就可以达到减肥的目的。运动前喝一杯咖啡不仅有利于减轻体重，还能增强耐力。

2．办公室喝咖啡减肥

在办公室喝咖啡减肥的最佳时间是午饭后 30 分钟至 1 小时。品尝一杯浓郁的不加糖和牛奶的咖啡，有助于饭后消化，并促进脂肪分解。下班前喝一杯咖啡，并配合步行，对瘦身有一定功效。

温馨提示

1）利用咖啡减肥应选择味道较淡的美式咖啡。

2）喝速溶咖啡，对瘦身无利。

3）不要加糖（糖会妨碍脂肪分解）。不习惯喝黑咖啡的人，可加少量牛奶。

4）热咖啡比冰咖啡有效，热咖啡可以帮助消耗体内的热量。

（二）咖啡的美容体验

现在，爱喝咖啡的人越来越多，咖啡除了有提神醒脑的作用外，还能美容。

1. 喝咖啡皮肤不会变黑

目前，还没有一项研究结果表明咖啡中的黑色素和皮肤的黑色素有绝对的关系；相反，咖啡中所含的咖啡因会加速新陈代谢，促进消化，改善便秘，因此，喝咖啡有助于改善皮肤粗糙。

2. 咖啡熏蒸醒肤

将咖啡制作成小茶包，放入面部熏蒸器的水槽里，使水雾中含有咖啡因的清香和养分，熏蒸 10 分钟，有利于恢复肌肤活性。

3. 咖啡瘦脸按摩

在按摩膏中加入适量的咖啡粉，用手轻轻地按摩颈部、下颌及脸颊部，每天坚持按摩 15 ～ 20 分钟，对脸颊和双下巴收紧有显著效果。

4. 咖啡美容面膜

（1）咖啡美白面膜

功效：润肤除皱，紧致肌肤，淡化黑斑，让肌肤白皙靓丽。

使用材料：咖啡粉、杏仁各适量，鸡蛋 1 个。

制作方法：先将杏仁以热水泡软，捣成泥；再将咖啡粉、杏仁泥、蛋清均匀搅拌，放入密闭瓶中；在每晚睡觉前，均匀涂抹于脸部；第二天醒来，再用温水洗净即可。

（2）咖啡除皱面膜

功效：能让肌肤更富有弹性、更光滑，预防皱纹的产生。

使用材料：鸡蛋 1 个，蜂蜜 1 勺，面粉 1 勺半，咖啡粉 2 克。

制作方法：先将脸部清洁干净；再将蛋清、蜂蜜、面粉均匀搅拌，敷于脸部；10 ～ 15 分钟后，用温水冲洗干净；最后轻轻按摩脸部，使脸部微热，用化妆水轻拍即可。

5. 咖啡泡澡及按摩

功效：用咖啡或咖啡渣泡澡可以瘦身，因咖啡中含有的矿物质可让皮肤恢复弹性。

使用材料：咖啡粉或咖啡渣适量，按摩油少许。

制作方法：用细纱布或者丝袜将咖啡粉或咖啡渣包好，放入浴缸浸泡 18 分钟；再将咖啡粉和按摩油调和在一起以螺旋状向上轻轻按摩，不仅可以使肌肤光滑，还有紧肤、美容的效果。如果用咖啡渣调配咖啡液，在容易囤积脂肪的小腹、大腿、腰、臀等部位，沿着血液、淋巴流动的方向，朝心脏部位按摩，也能达到分解脂肪的效果。

温馨提示

在泡澡之前，要先清洁肌肤，以免毛孔堵塞，阻碍汗液排出及瘦身成分的吸收。

知识拓展

不宜喝咖啡的人

咖啡并非人人宜饮，饮用不当，会诱发甚至加重某些疾病。不宜喝咖啡的人主要有冠心病患者、糖尿病患者、胃溃疡患者、高血压患者、动脉硬化患者、老年妇女、骨质疏松症患者、胃病患者、孕妇、癌症患者、失眠者、儿童等。

职场拓展

咖啡馆的尴尬

早年在异国他乡拼搏的杨澜曾遭到过一家咖啡馆的歧视。当时她租住在异国的一个当地人家里，房东太太是个典型的英伦女士，而杨澜一向习惯中国式朴素，不太注重着装打扮，因此多次遭到房东太太的指责。有一次实在气不过的杨澜，一怒之下冲进了一家咖啡馆。当时里面人很多，可服务员却总用异样的眼神看着她，这使她很不舒服。直到旁边的一位穿着讲究、举止优雅的老太太递给她一张写着"洗手间在你的左后方拐弯"的字条，她才意识到原来刚才走得太急，竟没注意自己早已头发凌乱，鼻子旁边甚至还沾了面包屑。尴尬的杨澜立马起身去往洗手间整理，再次回到座位时，那位老太太已经离开了，只留下一张字条：作为女人，你必须精致。这是女人的尊严！

看到这里，谁能想到光鲜靓丽的知名媒体人杨澜也曾因穿着打扮屡屡遭拒！她通过亲身经历告诉我们：你有多不尊重自己，别人就有多不尊重你。没有谁有义务必须透过连你自己都毫不在意的邋遢外表去发现你优秀的内在。

思考与讨论

1. 这个故事给你哪些启示？
2. 你将如何展示自己的才华？

练　习　题

一、判断题

1．17 世纪初期第一批咖啡传到欧洲大陆，与此同时，可可、茶、烟草传入欧洲。

（　　）

2．咖啡起源于非洲之角，但咖啡的推广则始于土耳其。（　　）

3．咖啡豆的采摘方式有多种，使用人工采摘是为了降低成本。（　　）

4．传统干法加工咖啡生豆是将采摘后的浆果直接晾晒。（　　）

5．传统咖啡浆果湿法加工的优点是瑕疵豆少，多用于精品咖啡豆的生产。（　　）

6．使用干法加工咖啡豆时用在发酵池发酵，更能保持咖啡豆的风味，但受制于气候因素。（　　）

7．咖啡生豆的储存方式直接影响咖啡豆的品质，优质精选的咖啡生豆应尽快投放到咖啡消费市场。（　　）

8．研磨后的咖啡粉放置时间越长，咖啡风味丧失越多，因此咖啡粉最好在半小时内使用。（　　）

9．烘焙后咖啡豆的气冷是指用强风吹咖啡豆使其冷却。（　　）

10．用土耳其壶与摩卡壶制作咖啡时，摩卡壶对咖啡粉颗粒度的要求通常较粗。

（　　）

11．咖啡豆烘焙后装袋，有单孔排气阀的包装，其目的之一是排出二氧化碳。（　　）

12．咖啡因可以使血栓溶解酶的水平增加，可抑制血栓的形成。（　　）

二、填空题

1．在 14 世纪末，咖啡开始在 _____ 种植，为方便灌溉，他们把咖啡树种植在梯田上。

2．我国现在种植咖啡的地方有台湾、云南、_____、两广和四川等地。

3．世界三大无酒精饮料是 _____、_____ 和茶叶。

4．法国咖啡文化绝非吃喝消遣般简单，而是更加注重 _____。

5．越南人饮用咖啡的习惯，是烘焙后加上 _____ 调香。

6．巴西的咖啡生产占了世界咖啡总量的 _____，居世界 _____。

7．咖啡树从种植到第一次开花大约需要 _____ 时间，而咖啡树的开花主要取决于 _____。

8．咖啡生豆在运输过程中的保存方法是保持 _____。

9．采用传统土耳其壶，制作咖啡的方法时，咖啡粉的颗粒度应该为 _____。

10．咖啡中富含的 _____ 有助于延缓细胞衰老，达到美容养颜的功效。

11. 世界的咖啡树种主要有四大类，其中 _____ 约占世界咖啡总产量的70%，_____ 占20%以上。我国云南种植的小粒咖啡多为 _____ 种。

12. 判定咖啡豆的新鲜度有三个步骤，即 _____ 、 _____ 、 _____ 。

13. 味道偏苦、酸味不足、香味较差，多数用来制成速溶咖啡，是指 _____ 种咖啡豆。

14. 鉴别单品咖啡熟豆的品质，首先应看外观，其次杯品，杯品的顺序为 _____ 、 _____ 、 _____ 和 _____ 。

15. 哥伦比亚咖啡豆具有 _____ 等特点，云南小粒种咖啡豆的特点是 _____ 较明显。

三、选择题

1. 越南人通常用（ ）制作咖啡。
   A．虹吸壶　　　　B．摩卡壶　　　　C．滴滤器　　　　D．比利时壶

2. 日本人通常喜欢用（ ）制作咖啡。
   A．冰滴壶　　　　B．半自动咖啡机　　C．土耳其壶　　　D．虹吸壶

3. 拿铁咖啡的创始人柯奇斯基是（ ）。
   A．土耳其人　　　B．美国人　　　　C．法国人　　　　D．奥地利人

4. 中国可以种植咖啡的地方是（ ）。
   A．福建　　　　　B．河北　　　　　C．新疆　　　　　D．黑龙江

5. 世界上的阿拉比卡咖啡豆产量最大的国家是巴西，位居第二的国家是（ ）。
   A．南非　　　　　B．哥伦比亚　　　C．埃塞俄比亚　　D．中国

6. 一般来说，含水量较高的咖啡生豆颜色多呈（ ）。
   A．白色和绿色　　　　　　　　　　B．青色和黄色
   C．绿色和青色　　　　　　　　　　D．黑色和黄色

7. 下列选项中，不属于咖啡豆常用采摘方式的是（ ）。
   A．人工采摘法　　B．机器采摘法　　C．搓枝法　　　　D．截枝采摘法

8. 优质的咖啡豆采摘的主要方式是（ ）。
   A．摇树采摘　　　B．搓枝法　　　　C．机器采摘　　　D．人工采摘

9. 储藏时间的长短直接影响咖啡生豆的品质，在标准的储藏条件下，其保质期一般不超过（ ）年。
   A．2～3　　　　　B．0.5～1　　　　C．1～3　　　　　D．1～2

10. 包装良好的烘焙咖啡豆，其保存时间通常为（ ）左右。
    A．18个月　　　　B．12个月　　　　C．6个月　　　　D．24个月

11. 烘焙好的咖啡豆需放置一段时间再包装，其目的是释放（ ）。
    A．氧气　　　　　B．二氧化碳　　　C．鞣酸　　　　　D．一氧化碳

12. 咖啡豆因研磨颗粒的大小不同，冲泡出的口味有差异，研磨越细，（ ）越浓。
    A．香味　　　　　B．苦味　　　　　C．酸味　　　　　D．甜味

第二模块
手工咖啡实操训练

本模块主要介绍家庭和咖啡厅常用手工冲煮咖啡器具的使用方法，主要涉及滴滤杯、法式滤压壶、虹吸壶、摩卡壶、比利时壶、冰滴壶等。

第一单元 滴滤杯

你知道吗？

1. 你能用滴滤杯煮出香浓的咖啡吗？
2. 制作手冲咖啡有哪些要求？
3. 如何做好手冲咖啡器具的清洁与保养工作？

手冲咖啡是生活中常见的简单易学的咖啡冲泡方法，精确计量咖啡粉量与水温是冲泡美味咖啡的第一步。常见的手冲咖啡方法有滤泡式和滴漏式，滤泡式方法常用的冲煮工具为滴滤杯。

一、滴滤杯冲煮咖啡

（一）实操步骤

滴滤杯冲煮咖啡实际操作步骤如表 2-1 所示。

表 2-1 滴滤杯冲煮咖啡实操步骤

步骤	图示	操作步骤
1. 装滤纸		将滤纸沿着边缘折叠并压平，撑开滤纸，装入滤器中。用细嘴壶将滤纸完全淋湿，使滤纸完全贴在滤器上，并将滤壶中的水倒掉
2. 装咖啡粉		在滤纸中装入咖啡粉，轻敲滤纸，使咖啡粉表面平坦

步骤	图示	操作步骤
3. 第一次注水		用水壶将水煮开，倒入细嘴水壶中，由中心点轻稳地注入开水（水温 88～96℃），缓慢地以螺旋方式使开水完全浸透咖啡粉
4. 闷蒸		当膨胀到顶点的时候停止注水，静置 20～30 秒，进行闷蒸
5. 第二次注水		顺时针画圆垂直注入热水，要让热水浸透咖啡粉
6. 第三次注水		注水时机是热水注满，粉面凹陷，热水全部滴落之前
7. 斟倒咖啡液		移开滴滤杯，倒入已温过的咖啡杯至八分满即可

温馨提示

1）冲水时一定要采取站立姿势，动作要轻（有将水放上去的感觉），冲水时沿顺时针方向画紧密贴合的圆，水流要稳定。

2）每次给细嘴壶加水都要将壶灌满，保证倒水时手感一致。闷蒸时咖啡壶中有几滴，或有薄薄一层咖啡液覆盖壶底，此时为最理想的热水量。

3）注水时绝不能将热水倒在汉堡状过滤层外侧周围的部分，否则新鲜的咖啡粉会产生许多细微的泡沫，从而使萃取不均匀。

4）咖啡的营养成分到第三次注水为止已被全部萃取。

5）清洗时不要用带香味的洗洁剂，滤杯、玻璃壶用水洗干净，自然晾干。

（二）实操训练

滴滤杯冲煮咖啡使用的器材包括手冲咖啡壶、炭烧咖啡豆、量杯、加热炉、咖啡杯、水、毛巾、滤纸等。实操训练内容与评价如表2-2所示。

表2-2　滴滤杯冲煮咖啡实操训练与评价

步骤	操作要点	完成情况				评定等级
		好	中	差	如何改进	
1	准备工作					
2	磨咖啡豆					
3	折叠滤纸放入杯中					
4	加咖啡粉					
5	第一次加水					
6	第二次加水					
7	第三次加水					
8	倒咖啡液入杯					
9	咖啡服务上桌					
10	清洁滴滤杯、台面					
11	完成时间（分、秒）					

二、滴滤杯结构分解

滴滤杯结构分解如图2-1所示。

图 2-1　滴滤杯结构分解

三、滴滤杯的冲煮原理

手冲咖啡属于滴滤式冲煮法的一种，其原理是利用热水冲泡咖啡粉，释放出咖啡的精华成分。手冲咖啡口感的好坏取决于注水的手法、热水的温度、闷蒸时间等因素。

手冲咖啡取材方便，利用一个滤杯、一个手壶、一张滤纸、一个杯子就可以冲出一杯好咖啡。器材与冲煮方式千变万化，流派众多，各有各的优点。

四、滴滤杯的操作要求

（一）用手冲方法煮咖啡需注意的要点

1．温度与咖啡的关系

温度影响咖啡的萃取情况。如冲出来的咖啡过苦、过焦，则要降低水温；相反，如冲出来的咖啡风味多，则应提高水温。

咖啡豆新鲜的情况下，水温越高，咖啡粉的膨胀速度越快。而浅焙咖啡豆磨粉比较细，粉层不易膨胀，冲泡时则要提高水温以促进粉层发展。

2．咖啡粉粗细与咖啡的关系

一般来说，咖啡粉太细，味太苦且不易过滤；咖啡粉太粗，味出不来。手冲咖啡要不断加水，不断过滤，对磨粉粗细也有讲究，粉细萃取率大，粉粗萃取率小，因此咖啡粉的粗细对流速及粉层发展等至关重要。

一般情况下，粗研磨的咖啡粉，冲水时放慢冲水及水柱流速；细研磨的咖啡可以在粉层中挖个洞再冲水，以提高水的渗透性。

3．水量与咖啡的比例关系

一般情况下，咖啡液的浓度与咖啡粉量成正比，在咖啡粉量较大的情况下要注意在冲水时用水柱多画几个圆圈，保证咖啡粉充分浸泡。如同时要冲煮多杯咖啡，咖啡液的浓度与咖啡粉量则成非正比关系，咖啡粉量越多越厚，水在粉层中停留的时间越久，萃取效率也就越好。所以，冲煮多杯咖啡时可以减少粉量，加大水柱。

4．烘焙度与咖啡的关系

浅烘焙的咖啡豆质地比较密实，冲煮期间不易透水，用 90 ～ 93℃的水，倒入铜壶内即可冲泡，水柱要小。

深烘焙的咖啡豆质地较稀疏，吸水性好，粉层受水易膨胀，咖啡液的焦苦味相对较重。水温宜控制在 88 ～ 90℃。

5．咖啡豆的新鲜度与咖啡的关系

咖啡豆的新鲜度除与咖啡风味密切相关外，还表现在咖啡粉受热膨胀后冒泡的差异上。新鲜烘焙的咖啡豆磨制的咖啡粉冒泡情况好，烘焙好后在常温环境放置两星期以上的咖啡豆磨制的咖啡粉冒泡情况相对差些。冒泡情况较差的可用小一点的水柱以增加水在咖啡粉中停留的时间，这样能把咖啡风味冲出来。

（二）咖啡的口感与咖啡粉粗细、水温及咖啡豆烘焙的关系

1．在咖啡粉粒不变情况下，可通过调整水温来调整口感

1）若咖啡的焦味、涩味、苦味明显而持久，则表示水温温度太高。

2）若咖啡的涩味、草腥味较重，犹如没有煮熟（冲透）一样，则表示水温太低。

2．在水温不变的情况下，可通过调整咖啡粉颗粒粗细来调整口感

1）若咖啡的焦味、涩味、苦味明显，表示咖啡粉颗粒太细。

2）若咖啡喝起来没什么味道，淡淡的，表示咖啡粉颗粒太粗。

3．在烘焙度不变的情况下，可通过调整水温来调整口感

1）若咖啡豆外表看起来油油亮亮的，咖啡喝起来有焦味，可以将水温提高一点。

2）若咖啡豆外表看起来是肉桂色或略深一点，咖啡喝起来涩味很重、草腥味较重，犹如没有煮熟（冲透）一般，可以将水温提高一点；反之，则将温度降低。

由此看出，水温的变化对咖啡的口感影响很大，如表 2-3 所示。

表 2-3　水温与口味、状态的对应变化（滤泡式）

水温	变化
90℃以上	注入开水时，咖啡粉膨胀形成的圆顶破裂，闷蒸不彻底
85～89℃	在适宜温度范围内，稍偏高。咖啡苦味强，无柔润的口感
80～84℃	最适宜的温度。可萃取出因咖啡种类与烘焙程度所形成的不同风味
75～79℃	稍低。咖啡苦味弱，风味不纯
74℃以下	偏低。闷蒸不彻底，萃取不出咖啡的风味

知识拓展

滴滤法冲咖啡和用滴滤杯做的咖啡

1．滴滤法冲咖啡

滴滤法冲咖啡是手冲咖啡的一种，是很有讲究的冲煮方式，对咖啡师的要求很高，需要极熟练的手法。做出来的手冲咖啡，是所有手冲咖啡中最优雅的方式。手拿优美的手冲壶，缓缓地将热水匀速淋到放置在滴滤槽上的咖啡上，整个身体配合节奏做圆周运动，只见咖啡经过热水冲煮后均匀滴漏而下，散发出迷人的香气，满室馨香。

法兰绒冲泡咖啡是手冲咖啡的另一种方式，冲泡过程中不必搅动袋中的咖啡也能使所有咖啡全部接触滚烫的开水，咖啡经膨胀后会冒出泡沫，逐渐往下过滤即可。

法兰绒冲泡咖啡的重点是先确定咖啡粉量，再确定与之匹配的沸水量。冲泡时，注入沸水停留在滤网中的时间控制约为 5 分钟，水细细、慢慢地加入。透过滤网，咖啡的成分将会完全被冲泡出来。过滤网的整理与保管要特别注意，否则会影响咖啡的品质。

2．用滴滤杯做的咖啡

炭烧咖啡是一种重度烘焙的咖啡，味道焦、苦，不带酸，咖啡豆有出油现象，极适合用于蒸汽加压咖啡，如图 2-2 所示。

图 2-2　炭烧咖啡

炭烧咖啡制作材料及工具：炭烧咖啡豆 15 克（粗研磨），水 200 毫升，滴滤杯、咖啡杯一组。

温馨提示

　　手冲杯的材质有塑料、玻璃、不锈钢及陶瓷，不同材质、不同品牌的手冲杯价格相差比较大。在器材选择上，过滤器有各种滤杯、金属滤网、法兰绒；手冲壶有花茶壶、玻璃壶、一般口径的手冲壶及各式细嘴壶；滤器与滤壶均可随意选择，推荐使用陶瓷或者不锈钢材质的。另外，细嘴壶要越细越好。

职场拓展

升职的秘密

　　最近，单位的小李升职了，大家在羡慕之余，总喜欢议论一番：有的说他与局领导是亲戚，有的说他为此事花了不少钱等。

　　小李家境极普通，大学毕业后分到单位网络处，负责网站维护。在网络处，他的学历最低，并不被人看好。

　　单位网站设计的时候花了不少钱，但先进有余而实用不足，领导的信箱经常会接到此类的意见或建议，但由于涉及部门多，往往召开协调会后就没有了下文。

　　自从小李来后，从天气预报到常用电话，从火车时刻表到报刊阅览，从最新杀毒软件到网上购物等，单位网站的栏目在不断增多，更新也及时了，由于贴近生活，很受同事欢迎。

　　机关里电脑多，电脑出毛病是经常的事，电话打到网络处，其他人都不屑一顾，处长只好安排小李去，小李一喊就到，一到就修，一修就好，即使是休息时间，也从来不推脱。

　　个别同事给他钱时，他笑着摆手，说也就几块钱的事，心意领了，有任务尽管安排。

　　一些好心人经常劝他，多与领导搞好关系，他总是憨厚地笑笑。

　　小李不管做什么事都力求最好，这慢慢就成了他的做事风格。自然，领导对他也特别照顾，遇到培训、学习的机会，局里都尽可能安排小李参加。

　　社会是复杂的，政府机关的人际关系也如此，但小李的优势还是慢慢从机关里显露出来了，在每年年末召开总结表彰会的时候，他总会在别人羡慕的目光下，收获各种各样的荣誉。

　　思考与讨论

这个故事给你哪些启发？

第二单元　法式滤压壶

1. 怎样用法式滤压壶煮出一杯好咖啡？
2. 法式滤压壶的渊源是什么？
3. 如何保养法式滤压壶？

一、用法式滤压壶煮咖啡

（一）实操步骤

用法式滤压壶煮咖啡实操步骤如表 2-4 所示。

表 2-4　用法式滤压壶煮咖啡实操步骤

步骤	图示	操作步骤
1		用热水温壶
2		取出滤网，将适量的咖啡粉（粗研磨）放入法式滤压壶中
3		将 92℃左右的 150 毫升水加入法式滤压壶杯内
4		分两次加水后用竹匙搅拌，使水与咖啡粉混合均匀

续表

步骤	图示	操作步骤
5		盖上盖子，但不要压下滤网，闷3～5分钟
6		轻轻将滤网往下压，使咖啡粉和咖啡液分离
7		将咖啡倒入事先温好的杯中

温馨提示

1）清洁台面，将咖啡杯碟面向客人摆好。

2）将法式滤压壶的滤芯压杆取出并分开清洗，擦干器具水渍。

3）水不要加太满，约至把手下0.5厘米处，注意要让所有咖啡粉都浸泡在热水中。

4）轻轻盖好上盖（压杆勿下压），静置。

5）时间到后，一只手压住上盖，另一只手缓慢稳定地压下压杆。

6）频繁使用法式滤压壶后（如3个月或半年），可使用咖啡器具专用清洁粉（或以黄豆粉代替）加以浸泡搓洗，再用清水冲洗干净晾干，可保持光亮如新。避免使用含香精成分的清洁剂，以免残留气味影响咖啡品质。

（二）实操训练

用法式滤压壶煮咖啡，用到的器材包括法式滤压壶、曼特宁（或肯尼亚）咖啡豆、磨豆机、量杯、竹匙、咖啡杯、水、毛巾、糖、奶等。实操训练内容与评价如表2-5所示。

表 2-5　法式滤压壶煮咖啡实操训练与评价

步骤	操作要点	完成情况				评定等级
		好	中	差	如何改进	
1	清洗滤压壶					
2	磨咖啡豆					
3	加咖啡粉					
4	注入热水					
5	煮咖啡					
6	倒咖啡液，服务上桌					
7	清洁滤压壶					
8	完成时间（分、秒）					

二、法式滤压壶的结构分解

法式滤压壶的结构分解如图 2-3 所示。

滤压壶

滤芯压杆

热水壶

竹匙

温度计

图 2-3　法式滤压壶的结构分解

三、法式滤压壶的冲煮原理

用法式滤压壶冲煮咖啡是采用一种密闭的浸泡方式，让沸水与咖啡粉全面接触，盖上壶盖闷煮，充分释放咖啡精华的过程。咖啡粉为粗研磨（呈颗粒状），咖啡口味浓淡均匀。

四、法式滤压壶的操作要求

法式滤压壶的操作要求包括以下几个方面。

1）咖啡粉要稍微粗点（因为热水直接接触咖啡粉，如果太细容易萃取过度）。

2）一定要新鲜的咖啡粉，由于不是高压萃取，陈旧的咖啡粉泡出的咖啡有明显酸涩味和焦苦味。

3）静置的时间为3～5分钟。

4）一定要用净水。

5）咖啡粉不要太少，一般是两平勺的咖啡粉（20克左右）加200毫升的水。

6）法式滤压壶的清洁：每次使用后立即用清水冲洗干净，分开放置（压杆与壶身分开），待完全晾干后再组合收藏。压杆底下金属滤网部分可以拆卸下来用清水冲洗干净。

知识拓展

用法式滤压壶制作曼特宁咖啡和肯尼亚咖啡

法式滤压壶是1850年前后在法国出现的一种由耐热玻璃瓶身（或者是透明塑料）和带压杆的金属滤网组成的简单冲泡器具。最早多用作冲泡红茶，故又称为冲茶器。

（1）曼特宁咖啡的制作材料

制作材料：曼特宁咖啡豆15克（粗研磨），水200毫升，法式滤压壶一个，咖啡杯一组（图2-4）。

（2）肯尼亚咖啡的制作材料

制作材料：肯尼亚咖啡豆15克（粗研磨），水200毫升，法式滤压壶一个，咖啡杯一组（图2-5）。

图2-4　曼特宁咖啡　　　　　　图2-5　肯尼亚咖啡

温馨提示

注意区分泡茶用的滤压壶和泡咖啡用的滤压壶，前者铁网的网眼较大，较细的咖啡渣会成为"漏网之鱼"，导致泡出来的咖啡浑浊不清；仔细检查铁网与容器边缘的贴合度，贴合度越高，咖啡渣在倾倒时越不容易渗出来。

职场拓展

意外的收获

多年前，我在市工商局工作。

一天早上，我做完五行健康操后，大汗淋漓。梳洗之后，我打算去外面吃碗面。路过理发店，从玻璃橱窗看到理发师坐在那儿发呆，没有客人，我临时决定让她洗洗头。

我说："别看现在没有客人，说不定我进来不一会儿就有客人进来喔！"

理发师说："对！我观察过好几次，您来了之后我们店的生意就会好起来。"话音刚落，就进来两位年轻人理发。

洗完头，走到柜台付钱时，有一位外国客人进来，问有没有人会英文。

我告诉他："我会"

于是我坐在外国客人旁给他当翻译，并协助理发师为他洗完头。这位外国客人十分满意。

我请理发师叙述自己的剪法及步骤，用中文和英文写了两张标准作业程序，分别交给外国客人及理发师留底。我告诉外国客人，以后不管到哪一家理发店，就拿这张纸给理发师看，如仍有问题，请打电话给我。

外国客人带着满意的笑容一直向我道谢。

这时，店员及老板向我投来美慕的眼光，说道："巫老师您的英文好好喔！您的英文是怎么学的呀？"我笑而不语。

现在我的公司，就是当年那个外国人出资开办，后来转让给我的。

思考与讨论

1. 这个故事给你带来什么启示？

2. 带着目标学习固然好，但不能太功利化，否则难以适应信息、知识以及技能快速变化的时代。知识和技能的学习是一个日积月累的过程，并且总有一天它们能发挥作用。你准备如何学习呢？

第三单元 虹吸壶

你知道吗？

1. 怎样用虹吸壶煮出一杯好咖啡？
2. 什么是虹吸壶？它的结构是怎样的？
3. 如何清洁及维护虹吸壶？

一、用虹吸壶煮咖啡

（一）实操步骤

用虹吸壶煮咖啡的实操步骤如表 2-6 所示。

虹吸壶咖啡的制作

表 2-6 用虹吸壶煮咖啡的实操步骤

步骤	图示	操作步骤
1. 准备工作		把虹吸壶、杯碟分开清洗；清洁台面；摆好咖啡杯碟
2. 装水		将下壶装入热水，至"两杯份"标记
3. 钩好滤芯		把滤芯放进上壶，用手拉住铁链尾端，轻轻钩在玻璃管末端；用搅拌棒将滤芯拨正

续表

步骤	图示	操作步骤
4. 点火并将上壶斜插入		点燃酒精灯，把上壶斜插进去，待水冒气泡时，让橡胶边缘抵住下壶的壶嘴，使铁链浸泡在下壶的水里
5. 扶正上壶		下壶冒气泡时扶正上壶，水开始往上走并再次拨正滤垫
6. 加粉		当80%的下壶水上升至上壶时，加咖啡粉入上壶
7. 第一次搅拌		用搅拌竹匙迅速将粉向下压入水中，前后左右呈"十"字搅拌，把咖啡粉均匀地拨开至水里；开始计时
8. 第二次搅拌		第一次搅拌，计时30秒；第二次搅拌，计时20秒

续表

步骤	图示	操作步骤
9. 第三次搅拌并熄火		第三次搅拌后,将酒精灯来回移动加热。用事先备好的(已拧干的)略湿抹布从侧面轻轻包住上壶,上壶的咖啡液迅速回到下壶
10. 斟倒咖啡液		咖啡液被吸至下壶后,一手握住上壶,一手握住下壶握把,轻轻左右摇晃上壶,即可将上壶与下壶分离,把咖啡液倒入温过的杯中至八分满

温馨提示

1)下壶要擦干,不能有水滴,否则加热时会炸裂;挂弹簧钩时力度不宜太大,也不宜突然放开钩子;上壶的玻璃管插入上壶盖时动作宜轻,否则会损伤上壶。

2)搅拌动作要轻柔,避免暴力搅拌。如果是新鲜的咖啡粉,会浮在表面形成一层粉层,这时需要将咖啡粉搅拌开来。只有这样咖啡的风味才能被完整萃取。正确的搅拌动作是将竹匙前后左右方向拨动,带着下压的劲道,将浮在水面的咖啡粉压至水面以下。

3)勿使湿布碰触下壶底部酒精灯火焰接触的地方,以防止下壶炸裂。如果咖啡足够新鲜,下壶会有很多浅棕色的泡沫。

4)拔上壶时,左手要抓紧下壶的把手,用右手抓住上壶顶端。不要抓握上壶的中下端,以免烫伤。

5)为保证咖啡风味尽可能少流失,应待80%的下壶水上升到上壶后,再倒咖啡粉。

6)每次用过后均要彻底清洁虹吸壶,一定要拆下滤布进行清洗,保证滤布的透水性能良好。

(二)实操训练

用虹吸壶煮咖啡,用到的器材包括虹吸壶、蓝山(或巴西)咖啡豆、磨豆机、量杯、酒精灯、咖啡杯、水、毛巾、糖、奶等,实操训练内容与评价如表2-7所示。

表 2-7　虹吸壶煮咖啡实操训练

步骤	操作要点	完成情况				评定等级
		好	中	差	如何改进	
1	准备工作					
2	加水、加热					
3	插入并扶正上壶					
4	磨咖啡豆					
5	加咖啡粉、第一次搅拌					
6	温杯					
7	第二次、第三次搅拌					
8	降温、取杯、倒咖啡液					
9	咖啡服务上桌					
10	清洁虹吸壶					
11	完成时间（分、秒）					

二、虹吸壶的结构分解

虹吸壶的结构分解如图 2-6 所示。

虹吸壶

玻璃上壶（上座）壶盖

滤垫（网）

玻璃下壶（下座）及支架

过滤垫、弹簧挂钩

酒精灯

图 2-6　虹吸壶的结构分解

三、虹吸壶的冲煮原理

虹吸壶俗称玻璃球或虹吸式，用虹吸壶冲煮咖啡是简单又好用的咖啡冲煮方法，也是咖啡馆最普及的咖啡煮法之一。虹吸壶的主要原理是利用蒸汽压力，使被加热的水由下壶（亦称烧杯）经由虹吸管和滤布向上流升，然后与上壶中的咖啡粉混合，完全萃取出咖啡粉中的营养成分，成真空状态的下壶吸取上壶中的咖啡，经过滤纸过滤残渣，再度流回下壶，完成咖啡的萃取。

虹吸壶出品温度高，有一定观赏性，适合制作单品咖啡，因而被咖啡经营场所大量使用。

四、虹吸壶的操作要求

虹吸壶的操作要求包括以下几个方面。

1）过滤套、滤布及竹匙洗干净后，尽量保持干燥，避免二次污染。

2）注意不要用冷开水，可用稍微过滤后的生水来煮。生水第一次烧开时，马上煮咖啡，如沸腾久了，水质会变差。

3）咖啡液回流下壶时，下壶液面上形成一些泡沫。通过泡沫的形态，即可判断火候和萃取是否合适：如果呈现大量细细的泡沫，则表明火候过了，咖啡口味会相当苦涩；如果呈现出大大的气泡，且在几秒钟后消失，则表明火候比较理想，口感会圆润滑口、舒服而顺畅；如果几乎没有泡沫，则表明火候不足，咖啡口感为强苦、强酸和辛烈刺激。若发现火候不够，可在冲煮中通过增加或减少闷煮的时间来加以调整。

一般来说，虹吸壶可用两种加热工具：一种是高山瓦斯炉，另一种是酒精灯。高山瓦斯炉因火力大，加热较快，咖啡馆运用较多，其难点是温度控制要恰当。

知识拓展

虹吸壶的起源与发展

1840年，苏格兰工程师罗伯特·内皮尔发明了塞风壶，后由法国的瓦瑟夫人取得专利。19世纪50年代，英国与德国已经开始生产制造塞风壶。虹吸是利用空气的压力，借助曲水管将甲容器内的液体移到乙容器里。塞风壶就是利用物理学上的虹吸现象冲泡咖啡，"塞风"是"虹吸"的音译，故塞风壶又被称作虹吸壶或真空壶。

20世纪中期，虹吸壶分别被传至丹麦和日本，开始大规模走向市场。

日本人钟爱虹吸壶技术，通过认真研究咖啡粉粗细、水和时间的复杂关系，研究出中规中矩的咖啡器具。

丹麦人注重功能设计，20世纪50年代中期从法国进口虹吸壶的彼得·波顿因嫌法国制造的虹吸壶又贵又不好用，开发了第一支造型虹吸壶。

很多人认为虹吸壶带有一丝神秘的色彩。近年来意式浓缩咖啡逐渐流行，虹吸壶因需要较高的技术性以及较烦琐的程序，而不太受欢迎，但用虹吸壶煮出的咖啡的那种香醇是用机器冲泡的咖啡所不能比拟的。

温馨提示

> 日本的哈里欧是质量较好的虹吸壶品牌，耐热温差大，材质轻盈且不易破损。中国台湾的亚米（Yami）、亚美（Yama）等品牌的虹吸壶产品也不错。虹吸壶的好坏主要取决于操作人员对虹吸壶操作的了解，掌握正确的操作方法才是保养虹吸壶的最佳办法。

职场拓展

你敢喝马桶里的水吗

曾经担任过日本邮政大臣的野田圣子大学毕业后到某五星级酒店就职。她被安排在客房打扫厕所，工作要求特别严格。

野田圣子每天都必须把厕所打扫得光洁如新，不能有一点污垢。她虽然不太愿意，但又不想放弃这份工作，只好硬着头皮去做。有一天，带她当班的师傅对她说："你看我是怎么做的。"说着，师傅就拿起清洁用品，一遍一遍地擦拭冲洗，直到把马桶冲洗得光洁如新，然后拿了一个水杯，从马桶里舀了一杯水，咕噜咕噜一口气喝了下去。师傅的举动使她领悟了一个道理：用什么来证明你的工作做好了呢？那就是从你自己清洗过的马桶里舀水喝，以证明自己工作的质量。凭着这股精神，野田圣子负责过的所有工作都做得非常出色。

思考与讨论

1. 这个故事给你带来什么启示？
2. 对于未来将要从事工作，你有哪些计划？做了怎样的准备？

第四单元 摩卡壶

一、用摩卡壶煮咖啡

（一）实操步骤

用摩卡壶煮咖啡的实操步骤如表 2-8 所示。

表 2-8　用摩卡壶煮咖啡的实操步骤

步骤	图示	操作步骤
1. 准备工作		把摩卡壶、杯碟分别清洗；清洁台面；将咖啡杯碟放好
2. 倒入热水		拧开上下壶，在下壶中加入热水，水量必须控制在泄压阀的出气孔之下
3. 将咖啡粉装入滤器		取出咖啡滤器，将咖啡粉倒入滤器，并将其表面抹平，不需要填压（如不放滤纸则要填压），放入下壶中

续表

步骤	图示	操作步骤
4. 放滤纸		将滤纸浸湿后贴在上壶过滤网上
5. 合紧上下壶		为防止烫伤，最好用毛巾包住下壶，将上下壶对正，按顺时针方向拧紧
6. 煮咖啡	 	合上上壶盖，进行加热。听到快速的咕噜声，待声音消失，表示咖啡已煮好。如上壶盖是敞开的，蒸汽孔已停止冒蒸汽，萃取过程即完成
7. 斟倒咖啡液		将煮好的咖啡液倒入温过的咖啡杯至八分满

☕ **温馨提示**

1）擦干杯内外的水渍，保持台面干净整洁，同时注意杯碟的摆放方向不能错。

2）使用热水是为了避免加热时间过久，导致咖啡精华无法瞬间萃取，造成香味的流失。

3）擦净滤器周围的水渍和咖啡残渣。

4）检查橡胶垫圈是否完好，上壶与下壶的丝口要对好再合紧，否则容易损坏壶。

5）煮咖啡时应守候在壶边，不能离人，防止水烧干，适时给咖啡杯温杯。

6）用小方巾包壶把斟倒，以防烫伤。

7）咖啡粉为中细研磨，如使用煤气蒸煮，火的大小应控制在壶底直径以内，以免烧坏手柄。

8）待冷却（或用冷水冲）后再清洗摩卡壶，勿暴力打开；上壶的滤垫处要清洗干净；每次清洗时确认橡胶圈完好。

（二）实操训练

用摩卡壶煮咖啡用到的器材包括摩卡壶、哥伦比亚咖啡豆、磨豆机、量杯、加热炉、咖啡杯、水、毛巾、糖、奶等。实操训练内容与评价如表2-9所示。

表2-9 用摩卡壶煮咖啡实操训练与评价

步骤	操作要点	完成情况				评定等级
		好	中	差	如何改进	
1	准备工作					
2	磨咖啡豆					
3	加水入下壶					
4	加咖啡粉、贴滤纸					
5	合紧上下壶					
6	煮咖啡					
7	倒咖啡液					
8	咖啡服务上桌					
9	清洁好摩卡壶					
10	完成时间（分、秒）					

二、手工打奶泡

打奶泡是咖啡师必会技能之一。奶泡是将空气打入牛奶，空气与牛奶混合产生的一种蓬松物质。它既能提高咖啡口感的顺滑度，又能增加咖啡成品的美感。打奶泡有两种方式：一是使用发泡壶，二是使用意式咖啡机上的蒸汽管。手工打奶泡的操作步骤如表2-10所示。

表2-10　手工打奶泡的操作步骤

步骤	图示	操作步骤
1		将全脂牛奶倒入发泡壶内，约四成满。牛奶最好放入冰箱冷藏（冷冻）到5℃左右；如果要用热牛奶，则将牛奶同发泡壶隔水加热到60℃
2		盖上发泡壶上盖，反复抽压中央的把手。抽压把手时要求上不及顶，下不触底，先慢后快，直到抽压时感觉黏性很强，抽压明显吃力为止
3		打开上盖，静置约30秒或轻敲发泡壶数下，使表面气泡消失，用咖啡匙舀取表面较粗的泡沫即可

　　用这种方法还可以打豆浆奶泡，让对牛奶过敏或不喜欢喝牛奶的人一样能品尝到咖啡美味。

　　使用此法打的奶泡做多杯造型时最好立即用，可避免出现作品未完成奶泡就散的情况。

三、摩卡壶的结构分解

　　摩卡壶的结构分解如图2-7所示。

摩卡壶　　　　　　上壶（上座）　　　　　　下壶（下座）

上壶柱状装置（咖啡液出口）　　　安全气阀（泄压阀）　　　粉碗（粉杯）

垫圈、过滤器、滤纸

图 2-7　摩卡壶的构成分解

四、摩卡壶的冲煮原理

摩卡壶是常用来萃取浓缩咖啡的工具，分上下两部分，用螺旋的方式结合成一体。煮咖啡时，下部分装水，但不要超过安全气阀。过滤器放置咖啡粉，与上部分旋紧，即可放置到煤气炉或电磁炉上烧煮。用煤气炉加热时，要注意火焰不可以高过壶的底面，以免高温烧坏橡胶垫。水在下部分烧煮沸腾后会产生水蒸气和压力，使蒸汽穿过咖啡粉，萃取出咖啡的精华成分，喷流到上部分。用摩卡壶煮咖啡有 2 ～ 3 个大气压，虽比不上意式咖啡机的 9 个大气压，但也能乳化出少量非水溶性油脂及芳香物质，给咖啡添加些许质感。摩卡壶以其出品温度高、浓度高、速度快而广受欢迎。

五、摩卡壶操作的一般要求

摩卡壶操作的一般要求包括以下几个方面。

1）备器：干净的双人份意式摩卡壶一套、加热工具、滤纸。

2）注水：在下壶注水至泄压阀上的出气孔下。

3）安装粉杯：不管制作多少分量，粉杯皆应装满。粉杯沿不应有咖啡粉，以免磨伤密封圈。

4）贴滤纸：将润湿的滤纸贴在上座滤网处。

5）整体安装：注意要拧把手，上下壶一定要连接紧密。

6）加热：有咖啡液流出转小火并侧烧（电磁炉则调至小火）。

7）关火：听到壶内有咕噜声关火。

8）闷煮：关火后还需闷煮至咕噜声消失即可。

9）上桌：因其温度高，应在其底部垫上瓷盘，并告知顾客小心烫伤。

10）清洁：用水冲凉降压后即可拆开壶体进行清洁。在水龙头下用牙刷冲洗垫圈及滤网，擦干摩卡壶的水渍。

知识拓展

摩卡壶的起源与发展

欧洲人最先通过土耳其人接触到咖啡，而后传入意大利北部。摩卡壶是由意大利人阿分莎·酥蒂在 1933 年发明的，是一种通过水沸腾产生的压力煮咖啡的器具。

现在的意大利浓缩咖啡起源于土耳其咖啡，早期的欧洲人都是仿效土耳其人的咖啡制作技艺和饮用方法。但土耳其咖啡制作耗时长，无法适应现代社会快节奏的需求，一种高效率制作咖啡的过滤式咖啡壶——意大利摩卡壶就应运而生了。

摩卡壶自问世以来，外观造型和使用材质一直在变化，但结构未变。最早的摩卡壶是铝制的，铝制品容易与咖啡中的酸反应，产生不好的味道，后来逐渐改为用不锈钢（部分耐热玻璃）来制作。

用摩卡壶煮出的咖啡液温度高、浓度高，与用意式咖啡机制作的意式浓缩咖啡很接近，因而迅速在欧洲流行起来。欧洲国家的咖啡店里一般都有几把摩卡壶以备急需。

经过几十年的发展，意式摩卡壶的规格和样式繁多，可分为双人份、三人份、四人份等规格，而且样式繁多，不胜枚举，最好的要数六角形的摩卡壶。冲煮咖啡时可选用的加热工具也很多，如能控制火力的单头炉具、咖啡炉具、高山瓦斯炉具及电磁炉等。

温馨提示

选购摩卡壶时应从以下两个方面考虑：

1）材质。这是首要考虑的因素，因为材质将直接影响使用安全。储水容器材料主要有食用铝材和不锈钢材料，最好选择不锈钢材料。选购时一看重量，二看壶具外观的光洁度。

2）密封性。一是看上壶和下壶之间的密封性，二是看泄压阀的密闭性，是否有渗水现象。

不同壶型适合制作不同品质的咖啡：瘦长型摩卡壶储水容器高、深，受热慢，压力大，适合冲煮浅烘焙的咖啡；中高型摩卡壶适合冲煮中烘焙的咖啡；矮胖型摩卡壶储水容器宽、低，受热快，压力小，适合冲煮深烘焙咖啡。

第五单元　比利时壶

你知道吗？

> 1. 比利时壶为什么又称作皇家咖啡壶？
> 2. 用比利时壶冲煮咖啡有哪些技术性问题？

比利时壶又称为皇家咖啡壶、平衡式咖啡壶，其冲煮咖啡的原理和虹吸壶是一样的，但其煮泡过程更具有观赏性和戏剧性，像跷跷板游戏，整个冲煮过程比虹吸壶有趣得多，且易学易会。

一、用比利时壶煮咖啡

（一）实操步骤

用比利时壶煮咖啡的实操步骤如表 2-11 所示。

表 2-11　用比利时壶煮咖啡的实操步骤

步骤	图示	操作步骤
1. 准备工作		清洗滤布并包在过滤喷头上，系好；放好玻璃杯、盛水器，装好虹吸管；将酒精灯灯芯调出灯口 0.5 厘米，加酒精至七成满，装好比利时壶；摆好杯碟
2. 加热水	  	确认盛水器开关已关闭，打开顶部注水孔，加入热水，擦干注水孔的水迹，拧紧气阀

续表

步骤	图示	操作步骤
3. 加咖啡粉		将 5 平勺（约 40 克）的现磨咖啡粉放入玻璃杯中
4. 加热		将重力锤往下压，再将酒精灯盖打开，卡住盛水器再点燃酒精灯即可
5. 冲煮咖啡		盛水器中水蒸气冲开虹吸管中的活塞，流到玻璃杯，与咖啡粉混合煮泡。水全部进入玻璃杯时，酒精灯会自动熄灭。冷却后玻璃杯中的咖啡液经虹吸管过滤头倒流回盛水器
6. 拧松气阀		当玻璃杯中的咖啡液全部回到盛水器后，拧开盛水器顶上的气阀
7. 接咖啡液入杯		打开盛水器下的开关，用杯子装八分满

温馨提示

> 1）保持台面及用品的干净整洁，将咖啡杯碟面向客人摆放好。
>
> 2）将新滤布在开水中煮10～15分钟，盛水器一侧的虹吸管要塞紧，避免水沸腾时漏气，另一侧则放在玻璃杯正中间。
>
> 3）咖啡煮好后，用湿抹布给气阀降温后再旋开，以免烫伤。
>
> 4）咖啡煮完之后，最好不要立即清洗壶具，待冷却后分开清洗、晾干。

（二）实操训练

用比利时壶煮咖啡用到的器材包括比利时壶一套、蓝山咖啡豆、磨豆机、量杯、加热炉、咖啡杯、水、毛巾、糖、奶等。实操训内容与评价如表2-12所示。

表2-12　用比利时壶煮咖啡实操训练与评价

步骤	操作要点	完成情况				评定等级
		好	中	差	如何改进	
1	准备工作					
2	清洗壶、杯					
3	磨咖啡豆、烧水					
4	放置玻璃杯、虹吸管					
5	加热水，拧紧					
6	放咖啡粉					
7	加热，温杯					
8	拧松气阀，接咖啡					
9	咖啡服务上桌					
10	清洗冲煮用具					
11	完成时间（分、秒）					

二、比利时壶的结构分解

比利时壶的结构分解如图2-8所示。

全套比利时壶　　　　　　　　　气阀　　　　　　　　　虹吸管

图2-8　比利时壶的结构分解

带盖的玻璃杯　　　　　　　　　　酒精灯　　　　　　　　　　　盛水器

咖啡液开关　　　　　　　　　　　　　　平衡锤

图2-8　比利时壶的结构分解（续）

三、比利时壶的冲煮原理

比利时壶运用了平衡学、热力学、重力学、虹吸原理等多种物理学原理，可完美演绎经典的咖啡制作方法。

四、比利时壶的操作要求

1）清洗比利时壶时，要把玻璃杯、盛水器和虹吸管分别从支架上取下来进行清洁，要注意将盛水器的底部擦干。

2）选择综合型咖啡豆进行中度研磨成粉，平铺于玻璃杯底部后，再将玻璃杯装入底座。

3）将盛水器装回支架，盛水器一头虹吸管要装紧后进行调试，然后拧开盛水器上的气阀，注入400毫升热水后拧紧气阀。

4）冲煮阶段，蒸汽冲开虹吸管中的活塞，流到玻璃杯中，与咖啡粉混合煮泡；当盛水器中的水全部进入玻璃杯时，酒精灯会自动熄灭；冷却后，玻璃杯中的咖啡液经虹吸管的过滤头倒流回盛水器。

5）咖啡煮好后，气阀最好用湿抹布降温后再旋开，以免烫伤。先拧开盛水器顶上的气阀，才可拧开盛水器下的开关，用杯子接咖啡。

6）咖啡煮好后，最好不要立即清洗壶具，应先放置一旁，待晾凉后再清洗。

7）给酒精灯补充酒精必须熄火。尽量在水槽或无易燃物的地方补充，补充完后擦拭酒精灯外圈。

8）擦净盛水器内的水渍，避免因潮湿产生异味，如有异味可用柠檬酸浸泡洗净。

比利时壶的操作

☕ 知识拓展

比利时壶的起源及用比利时壶制作皇家咖啡

比利时壶是19世纪英国造船师詹姆斯·纳皮尔发明的，后来成为欧洲各国王室的御用咖啡壶。

当时，欧洲各国王室不仅追求最好的咖啡煮制技术，还追求用精致的手工制造咖啡壶冲煮咖啡。为了彰显王室气派，比利时工匠费心打造造型优雅的壶具，包金铸铜，把原本平凡无奇的咖啡壶打造得光灿耀眼、体面非凡，仿佛带着一股与生俱来的贵族气息。原本平凡的壶具成为了一件件精美的艺术品登上了大雅之堂。

煮泡咖啡技术的半自动化和外观造型浓厚的贵族味，决定了比利时壶在家用咖啡具中的精品地位，体现出王室贵族的情调。

传说法兰西帝国的皇帝拿破仑远征俄国时，遭遇酷寒冬天，他命人在咖啡中加入白兰地来取暖，从而发明了皇家咖啡。蓝色的火焰舞起白兰地的芳醇与方糖的焦香，再加上浓浓的咖啡香，苦涩中略带甘甜。这款咖啡随拿破仑的征战而迅速流传开来。

材料：咖啡120毫升，白兰地5毫升，方糖1块。

器具：比利时壶一套，皇家勺匙，防风火机。

其操作步骤如表2-13所示。

表2-13　用比利时壶制作皇家咖啡的操作步骤

步骤	图示	操作要领
1		将皇家勺匙置于杯上，放入一块方糖
2		将咖啡液倒入咖啡杯中，把白兰地轻轻地倒在方糖上

续表

步骤	图示	操作要领
3		用火机点火
4		白兰地燃烧，发出诱人的香味
5		熄火后搅拌，即可上桌饮用

温馨提示

现在市场上品质较好的比利时壶在颜色上一般有金色和银色两种。常见的比利时壶品牌有 4D、亚米等，中国台湾生产的 4C 比利时壶质量尚佳，可放心使用。

职场拓展

秀　才　赶　考

有位秀才第三次参加乡试。考试前两天，他做了两个梦：第一个梦，他梦到自己在墙上种白菜；第二个梦，梦到在下雨天，他戴着斗笠还打着伞。

第二天，秀才去找算命先生解梦。算命先生一听，连拍大腿说："你还是趁早回家吧！你想想，高墙上种白菜不是白费劲吗？戴斗笠打雨伞不是多此一举吗？"秀才一听，心灰意冷，回店收拾行李准备回家。

店老板非常奇怪，问："不是明天才考试吗，你怎么今天就回乡了？"秀才说明了事情原委，店老板乐了，说："我倒觉得，你这次一定要留下来。你想想，墙上种菜不是高种（中）

吗？戴斗笠打伞不是说明你这次有备无患吗？"秀才一听，觉得更有道理，于是精神振奋地参加考试，结果中了解元。

要将命运掌握在自己手里，而不要抱怨现实生活多么不公平，关键在于自身的努力。心态决定状态，心态决定命运。今天的思想决定我们的未来！

积极的人，像太阳，照到哪里哪里亮；消极的人，像月亮，初一十五不一样。思想决定行动，态度决定高度，思路决定前途。

不论是在职场上还是在生活中，我们只要保持积极乐观的心态，锐意进取，成功就离我们不远了！

思考与讨论

1. 这个故事对你有什么启示？
2. 你是如何面对生活中的困难的？

第六单元 冰滴壶

冰滴咖啡又称冰酿咖啡，经过长时间的低温萃取，口感较为顺喉，经冰镇后，会产生发酵的香味；入口瞬间有圆滑、微酸的口感，有酒味，为手工咖啡中的上品。

一、用冰滴壶煮咖啡

（一）实操步骤

用冰滴壶煮咖啡的实操步骤如表 2-14 所示。

冰滴壶的操作

表 2-14 用冰滴壶煮咖啡的实操步骤

步骤	图示	操作步骤
1. 准备工作		清洗所有玻璃器具、滤布、过滤器，清洁台面，保持台面和用具干净整洁
2. 放滤芯入杯		放入滤芯时应正面朝上，然后用竹匙拨正

续表

步骤	图示	操作步骤
3. 加咖啡粉		添加约 50 克的咖啡粉，轻拍几下，将咖啡粉平铺在冰滴壶中间，用冷水湿润咖啡粉
4. 铺圆形滤纸		在咖啡粉表面加一片滤纸，可减缓水下滴时的冲力
5. 放粉杯入壶		将粉杯装入冰滴架，末端接入蛇形管
6. 关好滴水阀		把上壶安放妥当，关好滴水阀
7. 加入冰块适量，倒入冷开水，打开调节阀	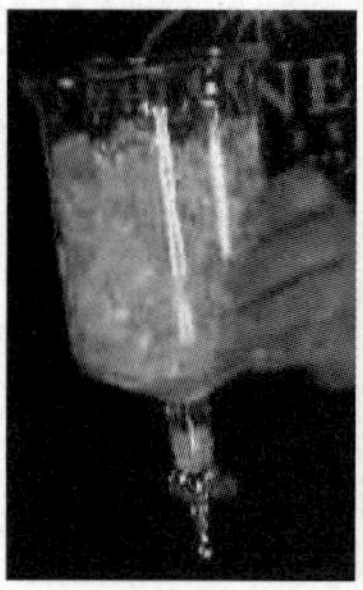  	在上壶中倒入 500 毫升的冷开水（可添加适量冰块，但要扣除相应水量；根据滴速，可分段加冰块，避免水温过低）。慢慢打开水滴调节阀让盛水瓶有水滴出，并调节水滴速度，标准水滴速度为每秒 3～5 滴
8. 放咖啡入冰箱		将所准备的水滴完后，将制作好的咖啡液装瓶，放置于冰箱冰镇

温馨提示

1）如水滴过快，咖啡粉上会有积水现象，咖啡液溢出过快，咖啡萃取不足，味道会过淡；如水滴过慢，温度较高，滴漏时间则较长，咖啡易发酵，产生酸味、酒精味。

2）在滴的过程中不取用咖啡液，否则浓度不均；滴完后要放入冷藏室，避免咖啡的口感和风味受影响。

3）加滤纸可以减缓水滴漏时的冲力，保证咖啡粉的精华全部被萃取。

4）清洁冰滴壶，阴干放好备用。

（二）实操训练

用冰滴壶煮咖啡用到的器材包括冰滴壶、冰滴咖啡豆、磨豆机、量杯、冰块、造型玻璃杯、咖啡杯、水、毛巾、丸形滤纸、糖、奶等，实操训练内容与评价如表2-15所示。

表2-15 用冰滴壶制作冰滴咖啡的实操训练与评价

步骤	操作要点	完成情况				评定等级
		好	中	差	如何改进	
1	准备工作					
2	磨豆					
3	关好滴水阀					
4	固定滤芯、加咖啡粉					
5	铺圆形滤纸					
6	倒入冷开水、打开调节阀					
7	再次调整调节阀					
8	放咖啡入冰箱					
9	清洁冰滴壶					
10	时间（分、秒）					

二、冰滴壶的结构分解

冰滴壶的结构分解如图2-9所示。

冰滴咖啡器具　　　　冰滴壶　　　　咖啡粉杯（滤芯、蛇形管）

图2-9 冰滴壶的结构分解

| 盛水壶 | 丸形滤纸 | 调节阀 |

图 2-9　冰滴壶的结构分解（续）

三、冰滴壶的冲煮原理与要求

冰滴咖啡是水滴咖啡的一种，是咖啡粉和水在自然状态下充分融合过滤而成的咖啡。在制作冰滴咖啡时，最好使用冰滴咖啡豆（拥有均衡、顺喉、回甜的特点）、矿泉水，也可加一些冰块，以维持水的萃取温度。

磨冰滴咖啡豆时，用中细度研磨（比细砂糖细一点）。制作者可参照自己口味来调节咖啡的浓淡，调整水量调节阀，滴速越快，口味越淡。

可将萃取完成的冰滴咖啡放入冰箱，咖啡本身不断熟化，根据冰镇的时间长短，口感会丰富多变。不习惯喝黑咖啡者，可加入少许鲜奶及糖进行调味。

我们还可以利用冰滴咖啡做彩虹冰咖啡、冰拿铁、冰卡布奇诺等花式咖啡。

知识拓展

荷兰式冰滴咖啡的起源和用冰滴咖啡制作彩虹冰咖啡

荷兰式冰滴咖啡是 19 世纪初由巴黎大主教达贝洛发明的，经过多年的演变和改进，形成了多种制作方法和器具。由于萃取速度极为缓慢，长时间冲泡出来的咖啡的咖啡因含量极低，格外爽口，在一般的咖啡馆中，不仅价格贵而且要事先预约。

用冰滴咖啡做彩虹冰咖啡工艺如下：

1）材料：冰滴咖啡 60 毫升，冰牛奶 20 毫升，石榴香蜜、蜂蜜各 30 毫升，冰激凌、巧克力酱、鲜奶油各适量。

2）器具：香槟杯、量酒器、吧匙。

3）装饰：吸管一支。

操作步骤如表 2-16 所示。

表2-16 用冰滴咖啡制作彩虹冰咖啡的操作步骤

步骤	图示	操作步骤
1		在果汁杯口正上方中间处注入蜂蜜30毫升，加入两块冰，再将30毫升石榴香蜜倒在冰块上
2		加入冰块至七分满，将20毫升牛奶倒入杯中，不能与石榴香蜜混合
3		倒入适量冰滴咖啡液
4		挤入鲜奶油，用蛋形冰激凌勺舀入冰激凌，最后用巧克力酱作装饰

温馨提示

冰滴壶既是一种制作咖啡的工具，也是一种装饰用的艺术品，选购时主要看其造型是否美观、玻璃材质的光洁度如何等。冰滴壶在专门的咖啡材料销售店均能买到。

职场拓展

和 尚 挑 水

东、西两座山上各有一座寺庙，两山之间有一条小溪，是山上两座寺庙的饮用水源。

两座寺庙中各有一个和尚，他们每天都会在同一时间下山到溪边挑水，久而久之就变成了好朋友。

一晃五年过去了，突然有一天东山上的和尚没有下山挑水，西山的和尚心想："他大概睡过头了。"哪知道第二天东山的和尚还是没有下山挑水，第三天也一样。一个星期过去了，一个月过去了，西山的和尚终于忍不住了，他心想："我的朋友可能生病了，我要过去拜访他，看看能帮上什么忙。"于是他便爬上了那这座山，去探望他的老朋友。

他的老友正在庙前练太极拳，一点也不像一个月没喝水的人！

他很好奇地问："你已经一个月没有下山挑水了，难道你可以不用喝水吗？"

东山的和尚说："来来来，我带你去看。"

于是他带着西山的和尚走到庙的后院，指着一口井说："这五年来，我每天做完功课后都会抽空挖这口井，即使很忙，也从没间断。终于挖出了井水，我就不再下山挑水了，可以有更多的时间练我喜欢的太极拳了。"

把握业余时间，挖一口属于自己的"井"，培养自己其他方面的爱好、特长，时空变换后，依然还有"水"喝且不受他人限制。你准备如何对此学习呢？

思考与讨论

这个故事给你什么样的启示？

练 习 题

一、判断题

1. 在使用半自动咖啡机时，要先净水然后再软化水。 （　　）

2. 在咖啡厅常用水处理系统中，过滤棉滤芯不能多次使用。 （　　）

3. 用矿泉水煮出的咖啡肯定比用纯净水做出的咖啡在风味上要好。 （　　）

4. 手动打奶器既可以制作凉奶泡也可以制作热奶泡。 （　　）

5. 使用虹吸式咖啡壶制作咖啡时要确保上壶和下壶完全密封。 （　　）

二、填空题

1. 手冲咖啡是一种简单易学的冲泡方法，常见的有 _____ 和滴漏式。

2．虹吸壶俗称 _____，最早由罗伯特·内皮尔发明，19 世纪 50 年代在 _____ 和德国开始制造。

3．手工咖啡制作器具中，适合选用细咖啡粉的是 _____ 和 _____。

4．手工咖啡制作器具中，煮泡过程观赏性和戏剧性强的是 _____。

5．使用过滤式咖啡机制作咖啡时，应选择 _____ 的咖啡粉。

6．冰滴咖啡是手工咖啡的上品，具有微酸、圆滑、有酒味、低温等特点，一般用 _____（器具）制作。

7．用虹吸壶制作咖啡时，运用的是 _____，搅拌的目的是 _____。

8．_____ 是运用空气受热膨胀产生压力的原理来煮制咖啡的。

9．摩卡壶工作状态所需蒸汽压力为 _____ 大气压。

三、思考题

1．在制作手冲咖啡时，应如何处理咖啡与温度、咖啡粉的粗细、水量、烘焙度等关系？

2．你在使用虹吸壶煮咖啡时，遇到过哪些困难？用虹吸壶煮咖啡，需注意哪些方面？

3．用发泡壶制作绵实的奶泡，有哪些值得注意的地方？

4．用摩卡壶制作卡布奇诺咖啡有哪些方法？

5．用滴滤壶煮咖啡容易掌握，但要把煮咖啡的动作及流程做到炉火纯青，还原各种咖啡豆本身的风味却需要一个长期的过程。你准备如何学习？

第三模块
专业咖啡机的使用

　　本模块主要介绍全自动、半自动咖啡机的使用、维护与保养知识，以及使用专业（意式）咖啡机制作意式浓缩咖啡、打发奶泡和拉花的技能。

第一单元 专业咖啡机的分类

你知道吗？

1. 全自动咖啡机有哪些优点？
2. 使用全自动咖啡机煮咖啡要注意哪些问题？

咖啡机按锅炉类别可分为单锅炉热交换式咖啡机、双锅炉式咖啡机及多锅炉式咖啡机；按操作方式大致可分为手动咖啡机、自动咖啡机、半自动咖啡机、全自动咖啡机等；按用途可分为家用咖啡机和商用咖啡机。专业咖啡经营场所多使用全自动咖啡机和半自动咖啡机，也使用美式滴滤咖啡机。专业咖啡师必须要学会全自动咖啡机和半自动咖啡机的使用。

一、全自动咖啡机

全自动咖啡机是指填粉、压粉之后只需要旋一下旋钮或者按一下按键，设定冲煮咖啡的水流量及时间，即可得到心仪的咖啡的咖啡机。目前最先进的全自动咖啡机可通过电控板调节水压、锅炉压力、水温等，简化了操作程序。

（一）加吉亚全自动咖啡机

加吉亚公司由阿奇·加吉亚先生于 1948 年成立，是世界最大的专业咖啡机制造商。加吉亚全自动咖啡机的具体介绍如表 3-1 所示。

表 3-1　加吉亚全自动咖啡机

图片	参数	特点	使用
	控制面板：液晶屏 电压：220 伏 功率：1250 瓦 颜色：银灰 重量：10 千克	① 有液晶（蓝光）面板显示器，电子操控 ② 可调整咖啡豆量、粗细及密封之三合一咖啡豆槽 ③ 有预浸泡功能、预磨装置；可设定、加长预浸泡时间，可连续冲泡两杯，节省等待时间 ④ 有可拆卸式冲泡器 ⑤ 有可移动式 2.3 千克加大水箱 ⑥ 有活动式不锈钢蒸汽自动发泡器 ⑦ 有自动发泡器，可快速制作卡布奇诺 ⑧ 可进行 16 段咖啡豆研磨粗细调整 ⑨ 单品咖啡粉槽可满足不同口味的咖啡磨制 ⑩ 咖啡出水口高低可调整 ⑪ 有咖啡杯温杯盘 ⑫ 有自动清洗水垢、除垢功能 ⑬ 有可供旋转的底盘，方便制作咖啡	① 完成准备动作后，必须等升温完成，显示屏出现"SELECT PRODUCT READY FOR USE"时，方可开始制作香醇的咖啡 ② 咖啡豆槽内置入咖啡豆，将磨豆粗细调整杆及磨豆量调整杆调整至适当的位置。磨豆粗细调整杆数字越小表示磨豆越细。磨豆量调整杆越往"＋"方向表示磨豆量越多 ③ 放置一只（或两只）咖啡杯于咖啡出水口下，依个人喜好选择按下小杯咖啡键、中杯咖啡键或大杯咖啡键，即可享用香醇的咖啡 ④ 如连续按咖啡键两次则会做出两杯同量或一杯倍量的咖啡

（二）优瑞全自动浓缩咖啡机

瑞士优瑞公司开发的专业全自动浓缩咖啡机，使咖啡机从家用延伸到了办公室和餐饮、服务领域。优瑞全自动浓缩咖啡机的具体介绍如表 3-2 所示。

表 3-2　优瑞全自动浓缩咖啡机

图片	参数	特点
	规格：280 毫米 × 345 毫米 ×435 毫米 功率：1450 瓦 颜色：银灰 重量：9.1 千克	① 转式按钮：转动按钮调节水量，让操作更简便；进入程序设定后，也可通过此按钮选择主菜单来完成设定 ② 新颖的外形设计：白金色与黑色的完美结合，超小型的体积 ③ 水晶式过滤系统：咖啡机不受石灰侵袭，将过滤系统直接安装在水箱中即可使用 ④ 屏幕显示对话系统：共有 7 种不同语言可供选择 ⑤ 杯子照明：满足人们的视觉享受 ⑥ 连接系统：允许使用不同的热水喷口和蒸汽喷口来加热饮料；专业奶沫器或自动奶沫器都可以使用 ⑦ 可调节式咖啡喷口：特别设计了可调节高度的咖啡喷口（73 ～ 113 毫米）

（三）德龙全自动意式咖啡机

德龙公司创立于意大利，浓郁的意式设计风格使该公司产品风行世界 80 多个国家，其每项产品都有其独特的设计，能满足顾客不同的需求。壮丽是德龙公司最新研发的全自动意式咖啡机系列。其机身小巧、功能齐全，冲泡器拆卸方便，还有自动除垢等功能。德龙全自动意式咖啡机的具体介绍如表 3-3 所示。

表 3-3　德龙全自动咖啡机

图片	参数	特点
	规格：280 毫米 ×375 毫米 ×360 毫米 功率：1350 瓦 颜色：黑色 重量：10 千克	① 出杯量大：每小时可制作 120 杯意式特浓咖啡，两年内 10 000 杯保修杯量 ② 价格低：仅为专业机型价格的 1/5 ③ 超静音，内置 13 种研磨设置，并有预润系统 ④ 单锅炉材质，不锈钢内胆，可查询除垢次数、制作杯数、咖啡使用水量 ⑤ 电子蒸汽和咖啡恒温控制，有自动冲洗和除垢功能

二、半自动咖啡机

半自动咖啡机是相对于全自动咖啡机而言的。它不能磨豆，只能使用咖啡粉。咖啡的品质不但与咖啡豆（粉）的品质有关，而且与咖啡机相关，特别是与煮咖啡者的技术相关。咖啡师根据每个人的口味差异，选择粉量、压粉力度来提供口味各不相同的咖啡，故半自动咖啡机可谓真正专业的咖啡机。

世界级的半自动咖啡机有飞马半自动咖啡机、兰奇里奥半自动咖啡机、金巴利咖啡机等。

半自动咖啡机具有以下共同点：①提取咖啡的水是恒温的，不论是多么频繁地制作浓缩咖啡；②在提取过程中泵压稳定；③浓缩咖啡机最好有预浸段；④蒸汽恒压且干燥，操作方便。

半自动咖啡机需要由咖啡师来控制冲煮咖啡的水的流量及时间，世界咖啡师大赛也要求通过咖啡师的操作来控制冲煮咖啡的水的流量及时间，因此在以后的学习中，如没有对咖啡机进行特别说明，都指半自动咖啡机。

（一）金巴利咖啡机

金巴利公司创建于 1912 年，至今已有 100 多年历史。该公司生产的金巴利咖啡机广受世界各国顾客的认同与喜爱，是旗舰级咖啡机，被誉为全球咖啡机第一品牌。金巴利咖啡机的具体介绍如表 3-4 所示。

表 3-4　金巴利咖啡机

图片	参数	特点
型号：M39	电压：220 伏 /380 伏 功率：4500 瓦 规格：770 毫米 ×510 毫米 ×465 毫米 净重：75 千克 可选：双头、三头 锅炉容量：10 升	① 智能锅炉设计 ② 液晶显示接口，可控制咖啡冲煮速度 ③ 可经计算机接口设定咖啡机的所有参数 ④ 专利热平衡系统，每个冲煮头可独立设定水温 ⑤ 可自动和手动设定杯量 ⑥ 咖啡输出量：200 杯以上 / 小时 ⑦ 2 个蒸汽出口、1 个热水出口 ⑧ M39 型另有加高、美观机型
型号：M22	电压：220 伏 /380 伏 功率：4500 瓦 外观尺寸：770 毫米 ×510 毫米 ×465 毫米 净重：75 千克 可选：三头、半自动、手动 锅炉容量：11 升	① 外壳采用镜面不锈钢制作 ② 每个冲煮头可独立设定水温，性能稳定 ③ 操作方式：可设定杯量 / 自动进水 ④ 咖啡输出量：200 杯以上 / 小时 ⑤ 可设定杯份量及手动模式 ⑥ 2 个蒸汽出口，1 个热水出口

（二）飞马咖啡机

飞马咖啡机于 1945 年由意大利米兰技师卡罗尔•埃内斯托发明，行销全球。1961 年，改良的 E61 型飞马咖啡机面世。先进而精准的机械性能，使飞马成为咖啡机的代名词。

E61 型飞马咖啡机利用扣入式加压帮浦（即水泵），形成了稳定的萃取压力来源，取代了先前利用机械式把手或液压控制系统，成为大部分机型沿用至今的加压模式，具有跨时代的意义。在 E61 型飞马咖啡机诞生 40 多年后，飞马咖啡机不仅保留了第一代典雅的不锈钢设计与完美的技术特点，而且开始融入现代技术。飞马咖啡机的具体介绍如表 3-5 所示。

表 3-5　飞马咖啡机

图片	参数	特点
型号：E61	电压：220 伏 功率：4000 ～ 4800 瓦 机身材质：不锈钢 锅炉容量：11 升 规格：715 毫米 × 540 毫米 ×565 毫米 空机重量：60 千克	① 独立热交换器（热水循环系统） ② 独立热循环速率调节控制阀 ③ 无压预浸系统 ④ 高效率气旋钮设计，固定式长蒸汽棒 ⑤ 固定式热水出口 ⑥ 自动进水功能 ⑦ 安全恒温器装置，负载自动断电，避免锅炉空烧 ⑧ 背面低放射燃点 LED 灯饰
型号：E92	电压：220 伏 /380 伏 功率：5100 瓦 机身材质：金属 规格：760 毫米 ×560 毫米 ×520 毫米 锅炉容量：11 升 重量：65 千克	① 自动锅炉补水功能 ② 电控式咖啡及热水输出 ③ 内置旋转 360° 蒸汽输出管（2 根） ④ 热水输出管（1 根） ⑤ 可调式热平衡系统，实现单个冲泡头温度设定 ⑥ 便捷监控功能 ⑦ 电控温杯功能（可设定 3 种温度）

（三）圣马可咖啡机

圣马可公司 1920 年创立于意大利。凭借不断创新的领先制造技术及在意式浓缩咖啡机领域的卓越表现，圣马可已经成为国际浓缩咖啡机市场的一个光辉品牌。

圣马可公司目前占有意大利咖啡机市场 25% 的份额，公司 60% 的产品出口到世界各地，因其产品坚固、耐用、易维护而广受赞誉。圣马可公司是高品质的专业浓缩咖啡机制造商，其经典的 85 系列历时 20 多年，于 2005 年重新设计。此新机型继承了原系列机型简洁的直线条外观设计，采用拉丝钢做表面材料，有法拉利红和简洁灰两个色系。圣马可 95 系列咖啡机曾荣获欧洲工业设计最佳外观设计奖。圣马可咖啡机的具体介绍如表 3-6 所示。

表 3-6　圣马可咖啡机

图片	参数	特点
型号：E95 系列	电压：220 伏 /380 伏 功率：3000 瓦 规格：515 毫米 ×650 毫 米 ×570 毫米 锅炉容量：12 升 重量：56 千克	① 直接通过每个头部的按键组编程、记忆 ② 6 个咖啡自动键，1 个连续制作键 ③ 指示灯指示按键组功能状态 ④ 锅炉自动补水 ⑤ 双蒸汽阀 ⑥ 有 2 个可编程热水量按键 ⑦ 当电控部分失效时可启动半自动辅助操作 ⑧ Practical 型为内置水泵 ⑨ 对应 2、3、4 机型，水泵为外置安装 ⑩ 对应 2、3、4 机型，可选装卡布奇诺发生器、电暖杯器、净水器、内置水泵

续表

图片	参数	特点
型号：E100 系列	电压：220/380 伏 功率：3 000 瓦 规格：515 毫米 ×650 毫米 ×570 毫米 锅炉容量：12 升 重量：56 千克	① 电子程序控制咖啡出水量：每个冲泡组有 6 个可分别编程键及 1 个手动控制按键，照明棒可指示咖啡状态 ② 有 2 组咖啡冲泡系统，并可同时进行工作 ③ 每组冲泡头都有 4 个调节挡来控制咖啡温度，体现不同烘焙程度的咖啡豆特性 ④ 大面积温杯区 ⑤ 专用防溅热水头，轻松冲泡茶饮及制作热饮 ⑥ 专业蒸汽喷嘴，可 360°旋转调节，轻松制作发泡牛奶和加热饮品 ⑦ 自动水位控制，增设水位情况显示灯，锅炉自动补水 ⑧ 双压力表显示，时刻监控锅炉及水泵压力 ⑨ 内置式流量水泵 ⑩ 符合食用标准的铜制锅炉 ⑪ 冲泡头有预冲泡系统和加压系统，并配备有横向热交换器 ⑫ 可同时制作 4 杯咖啡

三、美式滴滤咖啡机

在世界各国的星级酒店、快餐连锁店、大型自助餐厅，普遍使用美式咖啡机来制作美式淡咖啡。美式滴滤咖啡机因其操作简便、单次出品量大、成本极低、出品口感清爽等特点，深受商家和顾客的喜爱。

（一）安装与试运转

美式滴滤咖啡机的结构如图 3-1 所示。

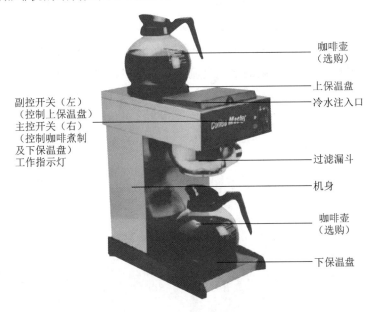

图 3-1　美式滴滤咖啡机的结构

咖啡壶（选购）

上保温盘

冷水注入口

副控开关（左）（控制上保温盘）

主控开关（右）（控制咖啡煮制及下保温盘）

工作指示灯

过滤漏斗

机身

咖啡壶（选购）

下保温盘

　　将咖啡机在干燥、平稳的台面上放置妥当。将所有的开关调至 OFF 状态，接通电源。将一壶冷水倒入机器，静候 1～2 分钟，直到将机器内空气完全排出。

　　将过滤器插入滑道并推至定位。在过滤漏斗下放置一个玻璃壶（真空保温壶或保温瓶均可）。

　　打开主控开关，若开关上的指示灯亮，表示机器正常工作。机器若配有热板，则热板开始加热。

　　面板上的红色工作指示灯亮，进入加热运转状态。30～45 秒后，热水开始流出。

　　热水经过滤器流入玻璃壶中 5～7 分钟后停止出水。面板上的指示灯熄灭，一个工作流程结束。机器重回待机状态，开关上的指示灯持续亮着。如是配有热板的机型，热板会持续工作，除非使用者将电源关闭。

　　（二）美式滴滤咖啡机冲煮咖啡的程序

　　1）取滤纸一张，放置在过滤漏斗内的弹簧之上，组合成过滤器。

　　2）取适量的咖啡粉放在滤纸上，过滤器插入滑道推至定位，漏斗下放置一玻璃壶。

　　3）接通电源，倒入冷水，待空气完全排出。

　　4）打开主控开关，等待咖啡液流出。

　　5）5～7 分钟后关闭电源，做好清洁工作。

　　（三）使用注意事项

　　1）切勿直接加热水到主机中。

　　2）热水温度高达 95℃，使用者应确保依照程序操作，以免烫伤。

　　3）倒入玻璃壶的水量切勿超过容量，以免烫伤。

　　4）调试过程中，机内会有沸水声响及少量水蒸气排出，属正常现象。

　　5）滤纸属消耗品，每次使用后即需更换新的滤纸。

　　6）美式滴滤咖啡机一经使用，会有少许水残存在加热器及相连管道中。如果准备长时间停用，应将机器倾斜，使机器内的水完全流出，将整机擦拭干净再保存或移动。

第二单元 半自动咖啡机的使用

你知道吗？

1. 半自动咖啡机主要有哪些功能？
2. 如何使用半自动咖啡机？
3. 半自动咖啡机的常见故障有哪些？
4. 如何对半自动咖啡机进行常规保养与维护？
5. 一杯意式浓缩咖啡的口味受哪些因素的影响？
6. 半自动咖啡机为什么要配套专门设备？

一、半自动咖啡机的结构

半自动咖啡机的结构如图 3-2 所示。

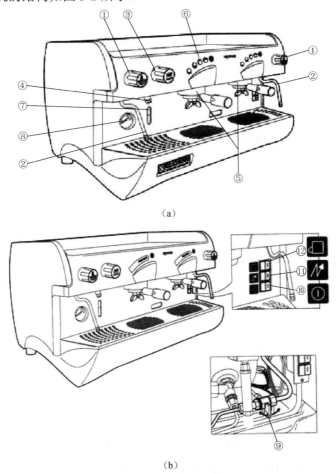

（a）

（b）

图 3-2 半自动咖啡机的结构

①蒸汽阀；②蒸汽管；③热水阀；④热水口；⑤咖啡把手；⑥萃取键；⑦水位视窗；
⑧压力表；⑨手压帮浦；⑩电源开关和指示灯；⑪锅炉比热开关和指示灯；⑫温杯盘开关和指示灯

蒸汽阀既可在短时间内加热液体，也可将牛奶制作成奶泡，以顺时针方向为关，逆时针方向为开。使用蒸汽管时先让喷嘴喷一下蒸汽，既可预热管道，又可将管内蒸汽凝结的水冲掉。使用后再放一次蒸汽，排出管内的残留牛奶。奶泡制作完成后，立即用干净的布擦拭蒸汽管喷头上的奶渍，否则容易阻塞喷孔。

从热水阀流出的热水，常用来温杯，若需要使用大量的热水，建议不要使用咖啡机里的热水，这样会比较耗电、耗时。

咖啡把手可分单槽和双槽两种。单槽可在制作单份咖啡时使用，约需填充 8 克咖啡粉（误差值为 ±2 克）。双槽可在制作双份咖啡时使用，约需填充 16 克咖啡粉（误差值为 ±2 克）。

将咖啡把手加以改装，就可以变成茶把手，再放入细碎的茶叶就能萃取出茶汤，进而制作出各式各样的茶饮品。咖啡把手不使用时，可以扣在咖啡机的温杯盘上，让它随时保持温度，一旦需要冲煮咖啡，不会在瞬间拉低温度。

萃取键共有 6 个按钮，可设定咖啡液流出的容量，较常设定使用的为 30 毫升、45 毫升、60 毫升、90 毫升。

当水抽不进来时，使用手压帮浦使其强制进水。

温杯盘可放置清洗干净的杯子，同时可借助咖啡机的温度，让杯子一直保持温杯状态。

二、意式半自动咖啡机的配套设备

一杯咖啡的滋味、品质，除与咖啡机的品牌、性能、咖啡师的冲煮技术相关外，还与咖啡豆的品质、新鲜度，研磨器具，咖啡粉的粗细，水（水质、水温、水量）等因素相关。

意式半自动咖啡机是咖啡厅（馆）必备的专业设备，为保证咖啡机的正常工作，使用时必须配置相应的辅助设备，主要有意式专用磨豆机、软水器、专用电源、净水设备等。

（一）意式专用磨豆机

意式半自动咖啡机萃取咖啡利用高温、高压，快速萃取，对磨粉度有特殊要求。

意式专用磨豆机能够很均匀地把咖啡豆研磨成幼粉状（具有一定的颗粒感），磨豆速度快，咖啡豆的香味散失少，能保证所萃取咖啡的品质与口感、风味，而一般磨豆机只能把咖啡粉磨成较粗颗粒，所磨粉粗细也不均匀。因此，意式半自动咖啡机旁都会配有一台专用磨豆机，如图 3-3 所示。

意式专用磨豆机的刀片（图 3-4）大致可分为锥形和平板式两类。

磨豆机的功率大多为 70～150 瓦，功率越大越好。功率较大的磨豆机，研磨速度较快，咖啡粉停留在锯齿间的时间较短，能磨出低温咖啡。

图 3-3　意式专用磨豆机

（a）锥形刀片

（b）平板式刀片

图 3-4　磨豆机刀片

　　制作意式浓缩咖啡，应特别注意磨豆机的精密度。研磨出均匀细致的咖啡粉，是冲煮出好咖啡的前提条件。

　　使用意式专用磨豆机的注意事项如下。

　　首先，使用磨豆机研磨咖啡豆，需按咖啡的配方、萃取时间、口味来调整磨豆的粗细度。

　　其次，要用优质的意式咖啡豆，且一次磨的量不能多，最好根据每杯咖啡 8 克左右的量进行研磨。当磨豆机研磨了约 600 千克咖啡豆时（深焙豆、较油性的咖啡豆约 400 千克），即需更换刀片。

　　最后，咖啡研磨的粗细由磨豆机内可调节的特别螺母来控制，不同的机型刻度不同。一般而言，意式半自动咖啡机的咖啡粉粗细用机型上的 1 ～ 2 刻度，调整方向是顺时针细，逆时针粗，因咖啡豆和机型的不同而有所区别。锥形和平板式磨豆机的性能与要求如表 3-7 所示。

表 3-7　锥形和平板式磨豆机的性能与要求

项目	锥形磨豆机	平板式磨豆机
刀片	锥形	平板（盘式）
转速	4～600 转/分钟	1400～4600 转/分钟
发热	低	高
刀叶休息频率	磨豆 900 千克	磨豆 270 千克
空气湿度大时咖啡粉粗细	粗	粗
空气较干燥时咖啡粉粗细	细	细
粉仓	现需现磨，不做保存	现需现磨，不做保存
更换刀叶	醇度降低，出杯量减少	醇度降低，出杯量减少
清洁	每周	每周
常备配件	刀叶、开关、马达、分量器	刀叶、开关、马达、分量器

（二）软水器

冲煮咖啡对水的要求较高，特别是使用意式半自动咖啡机冲煮咖啡更是如此。自来水中含有矿物质，且不同地区自来水的矿物质含量不同。矿物质含量越高的地区，越需要通过软水器来改变水中镁、钙等矿物质的含量，因为这些矿物质除对咖啡的口味有影响外，还会在意式咖啡机的锅炉内壁产生水垢，甚至堵塞管道，缩短咖啡机的使用寿命。软水器如图 3-5 所示。

（a）8L-3010001（DVA）　　　　　　（b）12L-3010162（GS）

图 3-5　软水器

1. 软水器的工作原理

软水器中装有软化剂树脂，这种人造离子交换树脂中含有软性矿物质钠，可溶解水中的钙、镁等硬性矿物质，而钠不会以水垢的形式沉积在咖啡机锅炉内壁上。当自来水经由管路进入软水器时，水中的镁、钙等矿物质将与软水器树脂上的功能离子进行交换，吸附水中多余的钙、镁离子，达到去除水垢（碳酸钙或碳酸镁）的目的。软性矿物质钠对接触的物体危害很小，可以放心使用。

2．软水器的安装与使用

软水器的安装与使用如图 3-6 所示。

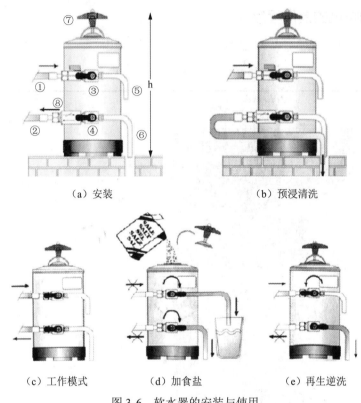

（a）安装　　　　　　　　　（b）预浸清洗

（c）工作模式　　　（d）加食盐　　　（e）再生逆洗

图 3-6　软水器的安装与使用

①进水口；②出水口；③进水口阀门；④出水口阀门；

⑤泄压管；⑥再生排水管；⑦软水器顶盖；⑧单向阀

3．软水器的维护

软水器可视为咖啡机的保护装置。镁、钙离子在加热后会形成水垢，除沉积在锅炉内壁外，也可能覆盖在加热器、水位探针或温度探针上，影响加热器及咖啡机的正常运作。因此定期保养软水器是绝对有必要的。

第一种方法：对软水器树脂进行再生。这是用氯化钠和水的稀溶液进行的。再生过程中，停止软水器的进水，把软水器的接口从咖啡机上取下来，拧开软水器顶盖。

第二种方法：加入氯化钠（或食盐、粗盐）进行还原。还原后，要测试软水器流出的水是否含有盐分；如果有，就继续放水，直到无盐味后才能连接到咖啡机上。

第三种方法：更换软水器中的正离子树脂，以达到维护的目的。

温馨提示

市场上的软水器种类较多，应根据当地水质和咖啡机的情况来选择，可咨询专业的咖啡机销售商和软水器供货商。

三、半自动咖啡机的操作程序

半自动咖啡机的操作程序如表 3-8 所示。

表 3-8 半自动咖啡机的操作程序

步骤	图示	操作程序
1		将咖啡机电源开关转到加热挡，使咖啡机加热。确认电源指示灯亮着，把两个过滤把手挂在机器出咖啡龙头上
2		将咖啡豆倒入磨豆机豆缸内，倒入当日所需的豆量。把剩余的咖啡豆重新密封包装，放在干燥的室温环境下保存
3		大约 15 分钟后，咖啡机上的压力表到达设定值，表明机器已经加热完毕，可以使用

续表

步骤	图示	操作程序
4	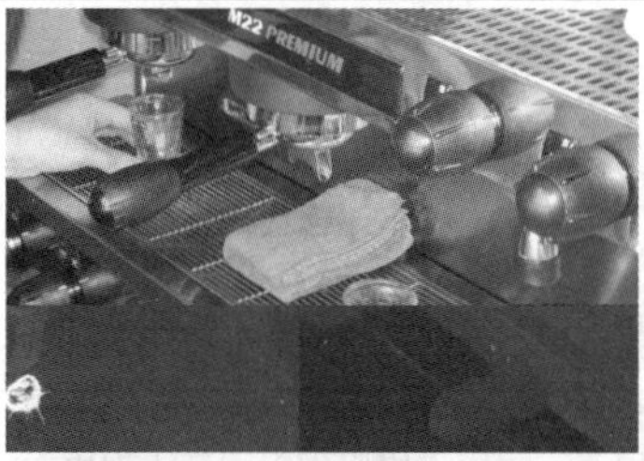	设定出咖啡的量；打开咖啡开关，从两个出口各放出约150毫升水；从两边的蒸汽管和热水管各放出一些水蒸气和热水，使咖啡机再充分加热10分钟
5		打开磨豆机电源研磨咖啡豆。为保证每一杯咖啡的品质，不要预先磨出太多量的咖啡粉，用多少磨多少，以免香味丧失
6	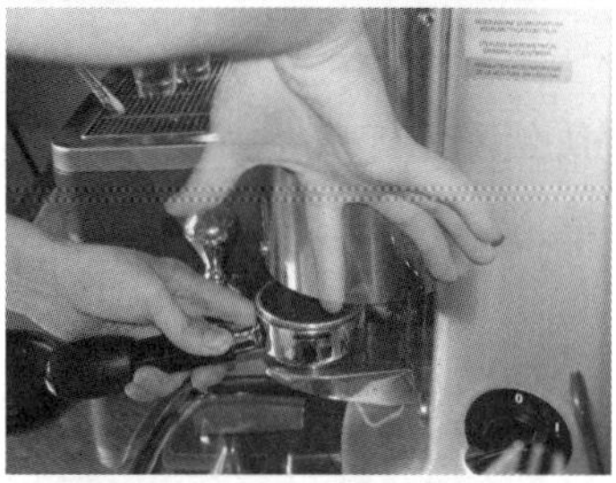	左手握住过滤把手向左转，取下把手，将过滤把手插入磨豆机下方。右手拉拨压粉器拉手，取出适量的粉量
7	 	用手持压粉器的小头一端轻敲过滤器边缘，使粉铺平，再将大头的一端垂直向下压粉一次。然后再用小头的一端轻敲过滤器边缘，用大头的一端用22千克的压力进行第二次压粉操作，并把粉压结实
8		用软刷将滤网边缘残留的粉拭去，先打开出咖啡开关放出适量的热水，再将把手挂在机器龙头上往右转并锁紧

续表

步骤	图示	操作程序
9		从温杯盘上取咖啡杯，放在龙头的出水口下，按下面板上相应的出咖啡键
10		咖啡做好后转下把手，将咖啡渣磕入渣桶，用毛刷或洁净的抹布把滤网抹干净，将把手重新轻扣在龙头上预热保温（如较长时间不用，最好取下咖啡把手，以减少对咖啡蒸煮头内垫圈的损伤）

温馨提示

为保证半自动咖啡机的清洁卫生和方便使用，可准备不同颜色的毛巾，分别用于擦拭杯子、清洁咖啡机杯盘、清洁蒸汽管等。

四、半自咖啡机实操训练

半自动咖啡机操作使用的器材包括半自动咖啡机、意式专用磨豆机、咖啡蒸煮把手、压粉器、毛巾、毛刷等，实操训练内容与评价如表 3-9 所示。

表 3-9 半自动咖啡机实操训练与评价

步骤	操作要点	完成情况				评定等级
		好	中	差	改进之处	
1	观察水压、气压					
2	设定咖啡液分量					
3	取蒸煮把手					
4	清洁蒸煮把手					
5	磨豆机磨豆					
6	磨豆机拨粉					
7	填压咖啡粉					
8	上蒸煮把手					
9	萃取咖啡					
10	清洗冲煮用具					
11	完成时间					

五、半自动咖啡机的清洁及维护

1．半自动咖啡机的清洗与反冲洗

在使用过程中，应随时做好咖啡机的清洁工作。但咖啡机的一些关键部分的清理，如咖啡机过滤碗的清洗、咖啡机反冲洗等则需要安排专人来做，而且最好使用专门的清洗剂。

咖啡机清洗剂与热水接触时，会产生泡沫，利用生物降解的方式达到清洁目的。通过发泡能清洗到咖啡机中手指难以到达的部位。

不要使用洗涤灵或洗衣粉，因为它们很难清洗干净，甚至会在咖啡机上留下大量沉积物，造成二次污染。

咖啡机头要定期清理。反冲洗是指用水反冲过滤网和咖啡机头的过程，是清洗这些部件最有效的方法。同时，反冲洗也不会污染锅炉内煮咖啡用水。

反冲洗时，需要一个盲碗即没有网眼的过滤碗，或一个橡胶塞。可以不使用清洗剂，但建议每天用清水反冲洗多次，而且每周要使用一次清洗剂。

2．清洗步骤

1）在过滤碗处换上盲碗或加上橡胶塞。

2）将手柄紧紧旋在机器的蒸煮头上。

3）启动水泵，放水进入机头 30 ～ 60 秒时停止水泵；操作时要有人在旁边监视，重复进行几次。

4）握紧手柄，开启水泵。把手柄旋进旋出，反复几次，即可清洗掉手柄密封圈周围堆积的咖啡粉。整个清洗过程要用大量热水，为了安全起见，最好准备一块毛巾备用。

5）使用清洗剂清洗时，加 1 克清洗粉在盲碗中，按上面步骤清洗。把清洗剂清除干净后，反复清洗，至少 10 次，直到全部清洗干净为止。

6）将蒸煮头用改锥撬下来，用牙签清洗蒸煮头和蒸煮出水口，洗净后将蒸煮头放入蒸煮把手，扣在蒸煮出水口处拧紧。

3．清理排污管道

咖啡渣由水和咖啡泥组成，时间稍长会形成硬硬的咖啡饼堵塞下水道。如果咖啡渣是直接排入下水道，为保证废粉排出通畅，可将一杯热水倒入排污盒以清除沉积的咖啡粉，或者将咖啡机的排污盒打开，用水冲洗，并定期清除沉淀池内的咖啡渣。

4．咖啡机的清洁保养程序

咖啡机的清洁保养程序如表 3-10 所示。

表 3-10　咖啡机的清洁保养程序

清洁内容	清洗频率
每次制作咖啡以后，必须将咖啡手柄清洁干净，然后将手柄放在咖啡机出品头上	每次
冲洗咖啡蒸煮头，用密封滤网回流清洗出水龙头。撬下把手滤网彻底清洗，清洁滤水板，擦净蒸汽管、温杯板、外壳。将粉仓内剩余的粉清理掉，用干净的软毛刷刷干净	每日
用密封滤网加咖啡机专用清洁粉清洗出水龙头和上滤网。用温水加中性清洁剂清洗豆缸并晾干	每周
检查滤水器和软水器的工作状况，如有必要则更换滤水器、滤芯和再生软水器	每月
用水样试纸测试机器出水龙头水的硬度，9度最适宜	每年

5．半自动咖啡机常见故障及处理

半自动咖啡机常见故障及处理如表 3-11 所示。

表 3-11　半自动咖啡机常见故障及处理

异常情况	可能原因	解决办法
煮制过程缓慢	水泵压力不足	调节压力
	咖啡粉太细	调节磨豆机的粗细度
	用粉量过多	使用定量分配器减少出粉量
	出水网堵塞	更换出水网
煮制过程太快	咖啡粉过粗	调整磨豆机粗细度
	用粉量过少	使用定量分配器增加出粉量
	过滤碗破损	更换过滤碗
煮制过程中水溢于手柄周围	固定手柄处有咖啡粉堆积	用刷子清理（勿用利器清理或请专业人员处理）
	密封圈破损	更换密封圈
咖啡粉从手柄泄漏到咖啡杯内	咖啡粉太细	调节磨豆机粗细度
咖啡机上排水盒溢水	过滤碗破损	更换过滤碗
	下水道管堵塞	清理下水道
	排水管堵塞	用热水清理
没有蒸汽	断电	检查电路
	加热中断	请专业人员处理
蒸汽压力偏低（压力表正确显示为 1.0～1.5）	蒸汽锅炉水位偏高	从热水龙头里放掉一些热水
	自动补水系统停止工作	请专业人员处理
	蒸汽喷嘴堵塞	用牙签清理蒸汽喷嘴或者把蒸汽喷嘴浸泡在清洗剂和热水里
	压力接触器失效	请专业人员处理

知识拓展

咖啡机的历史

1. 咖啡机发展的 4 个阶段

（1）孕育期（1900 年以前）

意大利人从 19 世纪前便习惯在路边小吧（除了卖咖啡也卖酒或香烟、报纸刊物）或小馆子喝咖啡，当时大部分营业场所都使用低压帮浦咖啡壶，营业用机与家庭用机只是在尺寸上有差别而已。

1818 年，罗门斯豪森在普鲁士取得一项萃取器的专利。除了萃取甜菜中的甜汁，萃取咖啡自然也成为其中一项重要的用途，罗门斯豪森博士是意式咖啡萃取技术发展的第一人。

经过英、法等国设计师的努力，利用蒸汽原理萃取咖啡得到进一步的发展。1855 年，意大利人安杰洛·莫里昂多所设计的咖啡机一次可制作 50 杯的量。

（2）童年期（1901 ～ 1947 年）

1901 年，意大利人贝塞拉设计的咖啡机申请专利成功。早期的意式咖啡机每次只能萃取少量的咖啡，然而，贝塞拉将单杯把手应用到前述安杰洛·莫里昂多设计的机器上，使得一次一杯的咖啡专属特权成现实。

1909 年，路伊吉·吉阿乐托加入帮浦以解决萃取压力不足的问题，并首次成功地将手动帮浦装置于咖啡机上，这也是现代半自动咖啡机的特征。

1910 年，意大利人马泽蒂借用蒸汽压力让热水通过咖啡粉，而热水是在机器底部利用电子设备煮沸的。从此，电子设备或电力设备开始出现在咖啡机的设计中。

1912 年，法国人莫里－乔治斯·波佐特与福斯特－洛铜·赞布里尼在机器内加装了瓦斯烘豆机、电子磨豆机以及自动萃取器，烘好、磨好的豆子会直接倒入萃取器内。这时人们已具有了自动咖啡机的概念。

1935 年，意利博士发明了埃莉塔咖啡机，这是第一台使用压缩空气来推动水通过咖啡粉的咖啡机。

（3）青春期（1948 ～ 1954 年）

1948 年，加吉亚将活塞式杠杆弹簧咖啡机引进市场，加吉亚的机器（真正的意式咖啡机）可做出表面有一层泡沫的咖啡，开创了全新的真正的意式咖啡机革命。

（4）成熟期（1955 年后）

1955 年，意大利莱科省的得洛·萨卡尼跨出相当重要的一步——维持冲煮头温度的稳定。他让来自热交换机中的热水在热交换器中循环流动成为现实。

1984 年，意大利希波卡夫公司推出了一台可制作冰咖啡的意式咖啡机。

1984 年，佛罗伦萨的保莱蒂设计了一种可在咖啡上施加奶油的把手。

2．各时期经典机型

19世纪后半期，许多欧美家庭开始使用家用电器（如洗衣机、吸尘器等），借以提升生活的品质。在此背景下，意式咖啡机也实现了电气化。各个时期代表性咖啡机的名称和生产公司如表3-12所示。

表3-12　各个时期代表性咖啡机的名称与生产公司

年份	公司	城市	型号	备注
1905	La Pavoni	米兰	IDEALE/LUIGI	拉泊沃尼半自动咖啡机
1910	Victoria Arduino	托里诺	TIPO EXTRA	圣马可半自动咖啡机
1928	La Pavoni	米兰	BABY	圣马可半自动咖啡机
1930	Victoria Arduino	托里诺	AUALUE	圣马可半自动咖啡机
	La San Marco	乌迪内	900	圣马可半自动咖啡机
1948	Gaggia	米兰	CLASSICA	加吉亚全自动咖啡机
1950	Gaggia	米兰	ESPORTAZIONE	加吉亚半自动咖啡机
	Faema	米兰	MARTE	飞马半自动咖啡机
1954	La pavoni	米兰	54	圣马可半自动咖啡机
	La Cimbali	米兰	GRAN IUCE	金巴利自动咖啡机
1955	Faema	米兰	URANLA	飞马半自动咖啡机
1956	La Cimbali	米兰	RUBINO	金巴利半自动咖啡机
	La Pavoni	米兰	CONCORSO	圣马可半自动咖啡机
1961	Faema	米兰	E61	飞马半自动咖啡机
1962	La Cimbali	米兰	SERIE PITAGORA	金巴利半自动咖啡机
1971	La Cimbali	米兰	M20	金巴利半自动咖啡机
1980	Faema	米兰	STAR	飞马半自动咖啡机
1999	Rancillio	米兰	EPOCA	兰奇里奥半自动咖啡机
2002	Rancillio	米兰	CLASSE12	兰奇里奥半自动咖啡机

第三单元　意式浓缩咖啡的萃取

你知道吗？

　　1．什么是意式浓缩咖啡？什么是咖啡油脂？

　　2．如何萃取意式浓缩咖啡？在操作上有哪些要求？

　　3．萃取意式浓缩咖啡的"4M"是什么意思？

一、意式浓缩咖啡

（一）意式浓缩咖啡的含义

浓缩咖啡的萃取

　　意式浓缩咖啡的意大利文是 Espresso，有"快递"或"快速"的意思，它是利用蒸汽压力短时间内将咖啡液抽出的小杯咖啡。浓缩咖啡或意式浓缩咖啡，通常也称为意式咖啡，起源于 20 世纪初的意大利，而星巴克把意式浓缩咖啡推广到了全世界。意式浓缩咖啡如图 3-7 所示。

（二）意式浓缩咖啡的特点

　　意式浓缩咖啡是采用意大利烘焙方式烘焙，用高温高压的咖啡机快速萃取的咖啡。咖啡液表面有一层棕黄色的泡沫咖啡油脂，具有锁香、保温、增醇的作用，一般呈榛果色、棕黄色或浅红色。

图 3-7　意式浓缩咖啡

　　一杯好的意式浓缩咖啡，是香气、味道、浓稠度和棕黄色的绵密油沫四大特点的完美融合，它会随着咖啡豆的调配、研磨方式、抽出时间、压力和温度等技术方面的差异产生不同的结果。

（三）意式浓缩咖啡的运用

　　以意式浓缩咖啡为基底，搭配牛奶、奶泡创造出来的意式咖啡，在咖啡馆中是最受欢迎的经典，如拿铁咖啡、卡布奇诺咖啡、焦糖玛琪朵咖啡。用意式咖啡与奶泡制作成的各式各样的拉花咖啡，也备受消费者追捧。

二、萃取意式浓缩咖啡

（一）萃取意式浓缩咖啡的四大要素

　　一杯好的意式浓缩咖啡需要四大要素配合，缺一不可，通常称为"4M"。

1．混合

　　在欧洲，咖啡饮用者喜欢选择适合自己口味的品牌，一杯好的意式浓缩咖啡是由多种适合调制意式浓缩咖啡的单一原豆调和而成的。

2．研磨

磨豆机的结构可决定意式浓缩咖啡的好坏，带有两片磨石的磨豆机研磨出的咖啡粉粒较粗，会使咖啡变为"速成"的淡而苦的意式浓缩咖啡；平板式构造的磨豆机研磨的咖啡粉粒能达到较标准的细度，若选用好的混合豆，咖啡的香醇就会被萃取出来，咖啡液表面还有一层棕黄色的咖啡油脂。

要做到咖啡粉粒粗细恰当，一般取 7～9 克的粉量，经蒸煮萃取，自出水计 20～30 秒，达到约 30 毫升的咖啡量，这时咖啡粉的粗细较为恰当。

3．机器

意式浓缩咖啡经由萃取而来，适当的温度（92～96℃）及压力（9～12 个大气压）是制作意式浓缩咖啡的基本前提。在调制咖啡的过程中，咖啡机（锅炉式结构、非电热圈式）也同样重要。

4．操作者

意式浓缩咖啡是利用各种设备（全自动咖啡机例外）手工调制的咖啡，咖啡的口感取决于咖啡机，操作者的技巧则决定咖啡的品质。

（二）意式浓缩咖啡的萃取步骤

意式浓缩咖啡的萃取步骤如表 3-13 所示。

表 3-13　意式浓缩咖啡的萃取步骤

步骤	图示	要点	注意事项
1．检查水温		可根据气压和水压表断定	水温必须稳定在 92～96℃
2．检查水压		按萃取键放水，观察水压表指针	应为 9～10 个大气压

续表

步骤	图示	要点	注意事项
3. 取蒸煮把手		按下热水按钮后，以热水做温杯动作；用力握住把手向左旋转，平稳取下把手	动作要轻快、娴熟
4. 蒸煮头预浸		以45°将咖啡把手扣入咖啡机的凹槽中，再向右转定住	按萃取键放水完成预浸，时间不超过2秒
5. 用意式专用磨豆机磨粉		粉量根据把手容量，定在7～14克	不要预先磨出太多咖啡粉，以免香味流失
6. 填压	 	将咖啡粉填入咖啡把手中，再使用储豆槽的上盖将多余的咖啡粉抹除；利用填压器的另一端轻敲咖啡把手的两端后，再次将咖啡粉填压平整；利用毛刷将咖啡把手两端的粉末刷除；分两次填压：第一次20磅（约9千克）力度填压，第二次30磅（约14千克）力度填压且旋转	使用填压器向下将咖啡粉磨平，用力要均衡。不能边压边旋转，否则会导致粉面倾斜

步骤	图示	要点	注意事项
7. 上蒸煮把手	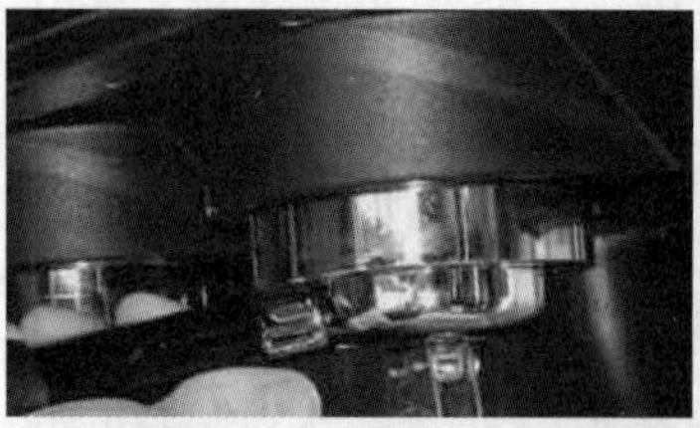	平稳上把手，上好锁紧后迅速萃取以防咖啡粉接触蒸煮头后焦化	动作轻快、娴熟
8. 萃取咖啡液		按下设定按钮，将浓缩咖啡液萃取至杯中，能萃取出漂亮的咖啡油脂。20～30秒之内萃取一杯20～30毫升的咖啡液至杯中	将浓缩咖啡液萃取至杯中时，尽量让咖啡液沿着杯壁向下流入。低于20秒萃取不足，高于30秒萃取出来的咖啡液过焦
9. 意式浓缩咖啡制作完成		咖啡油脂的颜色应该是棕黄色	颜色过淡表示萃取不足或水的温度不够，颜色过浓表示萃取过度
10. 清洁		取把手，敲掉咖啡渣；按萃取键放水清洁咖啡机头和把手	放水时间不超过2秒

（三）萃取意式浓缩咖啡实操训练

萃取意式浓缩咖啡使用的器材包括意大利半自动咖啡机、意式咖啡豆、意式专用磨豆机、玻璃量杯、浓缩咖啡杯。实操训练内容与评价见表3-14。

表3-14　萃取意式浓缩咖啡实操训练与评价

步骤	操作要点	完成情况				评定等级
		好	中	差	改进之处	
1	测试水的温度					
2	观察水压表					

步骤	操作要点	完成情况				评定等级
		好	中	差	改进之处	
3	取蒸煮把手					
4	蒸煮头预浸					
5	用磨豆机磨粉					
6	填压咖啡粉					
7	上蒸煮把手					
8	萃取咖啡液					
9	意式浓缩咖啡品鉴					
10	清洁					
11	完成时间					

（四）意式浓缩咖啡的制作要求

意式浓缩咖啡的制作是一门艺术，它需要操作者有足够的耐心、精确的判断力、丰富的想象力和创造力。

1）拼配。咖啡必须配出意式浓缩咖啡所需的甜味、香味及润滑感。咖啡豆必须新鲜（建议选用烘焙后4天内的咖啡豆）。

2）烘焙。深度烘焙的咖啡豆会有苦焦味，有经验的烘焙师会采用较浅的烘焙方式来保持意式浓缩咖啡的香甜。

3）磨豆。把控咖啡粉的粗细，使萃取过程保持在20～30秒。

4）磨豆机。必须使用高质量的磨豆机。专业人士认为锥形和平板式组合的磨盘是最佳的设计。

5）分配。在压粉前，咖啡粉必须平均分布在手柄的过滤器中。

6）压粉。先用20磅（约9千克）的压力压粉一次，再用30磅（约14千克）的压力旋转720°，使粉表面平整光滑（先压后旋转，不要边压边旋转，否则可能导致粉面倾斜）。

7）水温。咖啡水温必须稳定在92～96℃。选购意式半自动咖啡机时必须注意水温及水温的稳定。

8）水压。只有在9～10个大气压下，才能制出泡沫。

9）蒸煮时间。制作一杯（20～30毫升）意式浓缩咖啡的萃取时间应在20～30秒。萃取意式浓缩咖啡，除把控蒸煮时间之外，还应注意观察咖啡的颜色，如意式浓缩咖啡的颜色开始变淡就应结束制作程序。

10）清理机器。机器清理工作是制作意式浓缩咖啡过程中的重步骤。如果机器、过滤器、过滤手柄未能经常清洗，制作出的意式浓缩咖啡会有腐油味。

11）浓缩咖啡杯。浓缩咖啡杯应用不同于咖啡机的热源来预热。如用机器的热水来预热杯子，机器的锅炉温度将降低，使制出的意式浓缩咖啡不均匀。浓缩咖啡杯应有厚的杯壁和窄口，以保持热度和香味。

12）练习。操作练习和实践非常重要，如每天练习，至少要坚持半个月。

☕ 知识拓展

制作意式浓缩咖啡要考虑的问题

在制作意式浓缩咖啡时需要注意以下几个问题：

（1）萃取意式浓缩咖啡的流速问题

在萃取过程中如流速过快，应意识到填压咖啡粉的力度不足，此时要考虑降低水压，咖啡粉以后应磨得再细一点；相反，在萃取过程中如流速过慢，就要考虑减小填压力度，升高水压，咖啡应磨得粗一点或降低咖啡粉的湿度。

（2）意式浓缩咖啡中的咖啡油脂问题

咖啡油脂在咖啡液中的主要作用为锁香、保温、增醇。其颜色表现为榛果色、深褐色或浅红色。咖啡油脂久久不散、没有裂痕，是制作拉花咖啡的重要条件。

（3）意式浓缩咖啡味道与口感平衡问题

意式浓缩咖啡的味道主要表现为甜、酸、苦和谐，口感浓厚、香滑。

（4）意式浓缩咖啡出品问题

意式浓缩咖啡所用载杯一般为80毫升以内的瓷杯；出品时，用20～30秒时间萃取出15～20毫升咖啡液称为特浓意式浓缩咖啡，萃取20～30毫升咖啡液称为意式浓缩咖啡，萃取40～50毫升咖啡液称为淡式意式浓缩咖啡。意式浓缩咖啡按出杯份量又分为单份意式浓缩咖啡和双份意式浓缩咖啡。

意式浓缩咖啡品牌

意式浓缩咖啡的著名品牌如下：

（1）意利咖啡

1933年成立于意大利东北部的意利咖啡公司，每年生产1100万千克以上的优质咖啡豆，是世界高品质咖啡豆的领航者。

拥有6家子公司以及500多名员工的意利咖啡公司，其销售量目前占世界咖啡总销售量的42.8%，销往全球100多个国家。

意利咖啡公司采用100%优选阿拉比卡种咖啡豆调配出独特香醇的风味，以独特的包装分别销售给旅馆、餐厅、家庭和办公室。意利咖啡是意大利饭店、餐馆、吧馆等业界使用的第一咖啡品牌，拥有7.5%的市场占有率；家用市场方面则占30.3%。意大利每天卖出300万杯意利咖啡，全球则卖出惊人的500多万杯。

在全世界所有咖啡品牌中，意利咖啡是唯一保证咖啡因含量不超过 1.5% 的咖啡品牌。意利咖啡在入口的一刹那，浓郁、香醇的味道弥漫口腔，品饮者能够感受到它深沉、平稳的风味，享受它所赋予的特有乐趣。意利咖啡的包装在改变，但品质始终未变（图 3-8）。

（2）拉瓦萨咖啡

1895 年，拉瓦萨创立了拉瓦萨（Lavazza）咖啡品牌，现在拉瓦萨已成为意式咖啡的代名词。拉瓦萨咖啡公司致力于通过不同品种咖啡的拼配艺术，制作一杯口味完美的咖啡（图 3-9）。拉瓦萨咖啡发展到今天，已成为意大利咖啡市场的主导者，并销往全球 70 多个国家。

图 3-8　意利咖啡

图 3-9　拉瓦萨咖啡

拉瓦萨咖啡公司有浓厚的意大利传统家族企业色彩，代代相传。创始人拉瓦萨是一位天生的商业精英，毕生致力于咖啡的经营。1895 年，拉瓦萨以 26 000 里拉（约 20 美元）在北意大利的旧商业区买下一间小杂货店，这便是拉瓦萨咖啡公司的前身。这间杂货店兼具生产和零售的双重角色。拉瓦萨自己购买生豆，再应顾客委托烘焙出各式符合客户口味的咖啡，逐步掌握了咖啡烘焙技巧，由零售逐渐发展为批发。在通往咖啡王国的道路上，拉瓦萨跨出了成功的一大步。

拉瓦萨咖啡在国际上一直被称作"星巴克克星"。无论是在品牌内涵上还是在市场业绩上，拉瓦萨咖啡都表现得技高一筹。意大利得天独厚的人文底蕴使拉瓦萨咖啡带有天然的艺术基因。意大利深厚的时尚底蕴，让拉瓦萨咖啡成为中产阶层迷恋的宠儿，这一点也与星巴克的小资乐园有所不同。香醇的意大利拉瓦萨咖啡和美味顺滑的牛奶经过世界顶级的意大利半自动咖啡机的加工，达到完美平衡的境界，彰显出复杂的咖啡风味。专业的咖啡师还能利用拉瓦萨调制出各种花式咖啡，更能凸显其香甜、浓烈和浪漫。

在意大利，有 75% 的人为拉瓦萨咖啡着迷，拉瓦萨咖啡占有全世界咖啡市场 45% 的市场份额，是当之无愧的咖啡第一品牌。

（3）可莱纳咖啡

享誉世界的知名咖啡品牌可莱纳，由西班牙足球之乡巴伦西亚省的可莱纳先生于 1940 年创造。可莱纳公司采用最先进的生产设备，严格控制生产过程的每个阶段，以独特的方

图 3-10　可莱纳咖啡

式对精挑细选出的咖啡豆进行烘焙、拼配及包装，在保留其传统精华的同时，使其释放出 21 世纪的独特韵味（图 3-10）。

可莱纳公司生产的不同风格的咖啡豆和咖啡粉，以其完美的品质、独特的口味风靡世界。可莱纳咖啡的香气浓郁持久，品后回味无穷；品种多样，能满足不同喜好的咖啡消费者的要求，尤其受到高品位咖啡消费者的垂青。

目前，可莱纳咖啡公司的产品在世界咖啡行业中占有重要地位，其产品在法国、德国、比利时等国占有很大的市场份额，同时远销美国、加拿大及亚洲国家，在国际市场上的影响日益扩大。

几款经典的可莱纳咖啡的特点如下：

1）嘉配酒吧特选：混合拼配来源于巴西、哥伦比亚、牙买加等不同原产地咖啡豆的特质，造就了气味芳香、口味浓烈、具有浓郁地中海风情的嘉配酒吧特选咖啡豆，特别适合喜好重口味咖啡的消费者。

2）高级精选：精心挑选来自世界著名原产地的优质咖啡豆，完美的配比使香气柔和均衡，口感微酸中带有咖啡的甘苦、圆润，回味香醇，是咖啡消费者的最佳选择。

3）顶级阿拉比卡种咖啡豆：传统独特的烘焙使优质的阿拉比卡种咖啡豆的特色得到完美的体现，它的香气浓郁持久，口味柔和饱满，回味酸中略带甘甜，深受高品位咖啡消费者的钟爱。

4）极品精选 1940：优质蓝山咖啡豆及悠久的可莱纳咖啡豆配比独到、烘焙适度，具备极品咖啡的所有特点，令人品后经久难忘。

5）经典低因咖啡：以纯天然技术去除咖啡因，同时完美地保留了可莱纳咖啡豆浓郁的香味和特色，充分满足低咖啡因消费者的需求。

（4）UCC 咖啡

咖啡早在 17 世纪就已经传播到了日本，如今已经成为日本人生活中不可缺少的饮品。喝咖啡也成为日本人的一种嗜好。UCC 自 1933 年创立以来，一直致力于探索适合东方人口味的咖啡，为高品位人士打造回味无穷的极致美味与喜悦。

UCC 意式现代咖啡豆以巴西和萨尔瓦多优质高山豆，搭配不同产地的精选豆调配组成，增加了咖啡整体口感的变化性，通过专业的烘焙技术将咖啡豆中最精华的部分呈现出来，甜度适中，具有最佳的醇度和香气（图 3-11）。

图 3-11　日本 UCC 咖啡

UUC 把咖啡定位为 "Comfortable Solution"，通过咖啡为更多的人提供享受 "放松身心的美妙时刻" 一直是其服务理念，将 "Good Coffee Smile" 推广到生活中的每个时刻。

第四单元 用意式咖啡机打发奶泡

1. 打发奶泡用什么牛奶最好？用哪些器具最好？
2. 如何用半自动咖啡机打出优质的奶泡？
3. 咖啡机不同，蒸汽头是否也不同？

一、打发奶泡

（一）打发奶泡的步骤

打发奶泡的器材包括意大利半自动咖啡机、拉花钢杯、温度计、奶泡勺、清洁毛巾，打发奶泡的步骤如表 3-15 所示。

表 3-15 打发奶泡的步骤

步骤	图示	要点	注意事项
1. 牛奶的准备		-5℃左右	选用脂肪含量3.2%～3.6%的牛奶，不要使用热牛奶，如没有冷藏，可使用常温牛奶
2. 将牛奶倒入拉花杯		倒至钢杯内部突嘴凹槽的下沿（1～2秒）	牛奶量不足会导致发热过快，发泡时间不足；量多打发时会溢出

步骤	图示	要点	注意事项
3．释放蒸汽		让蒸汽阀开1～2秒	蒸汽管内凝聚的水珠喷出后关闭蒸汽阀
4．打发奶泡	 	将喷嘴插入牛奶液面下1厘米；蒸汽管与牛奶液面呈现45°～60°最佳；打开蒸汽阀让蒸汽注入牛奶，在最短时间内形成旋涡，将奶泡打至九分满	打开蒸汽阀时先开一半，待牛奶形成漩涡时全开；打发奶泡过程中喷嘴保持在液面下1厘米；可用温度计观察牛奶温度，也可用手摸杯壁测温；温度以65℃左右最佳
5．清洁蒸汽管	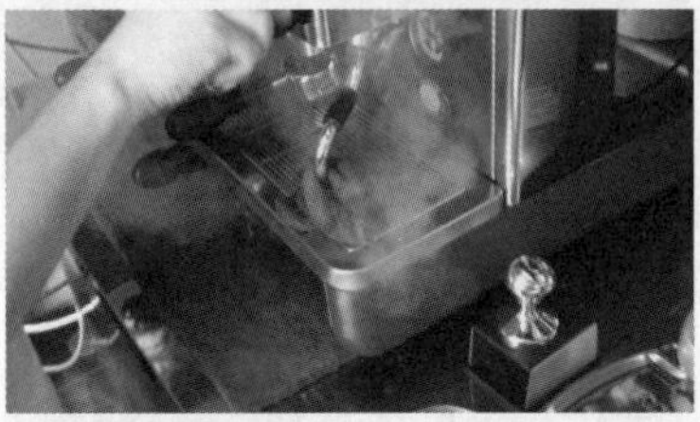	用湿布包住喷孔，喷两下蒸汽并抹擦喷管，随手保持清洁	蒸汽管奶垢尽量清洁干净
6．使用奶泡勺		上下抖动震破大的奶泡并用勺刮除	注入咖啡杯前摇匀使牛奶与奶沫充分融合待用

（二）实操训练

打发奶泡实操训练内容与评价见表3-16。

表 3-16　打发奶泡实操训练与评价

步骤	操作要点	完成情况				评定等级
		好	中	差	改进之处	
1	牛奶的准备					
2	将牛奶倒入拉花杯					
3	释放蒸汽					
4	打发奶泡					
5	清洁蒸汽管					
6	奶泡勺的使用					
7	牛奶是否摇匀					
8	奶泡的粗细					
9	完成时间					

二、优质奶泡的判断及发泡原理

用优质奶泡拉花样图案比较理想，设计的新图案也易成形，与浓缩咖啡液的融合度好。因此，打出优质奶泡是制作拉花咖啡的第一步。

用同一款咖啡机打发奶泡，应考虑蒸汽管喷嘴孔数、蒸汽管喷嘴形状、喷嘴孔的位置、蒸汽管喷嘴的角度。其中前 3 项会影响奶泡的粗细，最后一项影响水流。不同品牌咖啡机的蒸汽头也是有区别的，使用者在操作过程中要根据咖啡机的种类来调整打发奶泡时奶缸的角度。拉花杯的质量也会影响奶泡的品质，对初学者来说，最好是用带有温度显示功能的不锈钢杯。

（一）优质奶泡的构成及判断标准

优质奶泡应有丝绸或天鹅绒般的柔滑、细腻，饮用能感到泡沫在舌头上化开，并能感受到牛奶的香甜。将这种奶泡倒入浓缩咖啡中，奶泡会与浓缩咖啡的泡沫融为一体，形成口感怡人的拿铁咖啡。

1．优质奶泡的构成

奶泡打完后应有三层（从上到下）：第一层是接触到空气的奶泡，第二层是没有接触到空气的奶泡，第三层（底部）完全是牛奶液体，三层物质在制作花式咖啡时有不同的功能。第一层主要是融合浓缩咖啡并为第二层的奶泡垫底，促使拉花成形；第二层则用来做图案；第三层（底部）的牛奶液体在收尾时不影响已成形的线条或花样。奶泡分层情况如图 3-12 所示。

2．优质奶泡的标准

1）表面光滑且无大小不均的泡泡，如图 3-13 所示。

图 3-12　奶泡分层情况

图 3-13　表面光滑大小均匀的泡泡

2）拉花杯左右旋转时，奶泡沾在拉花杯壁上，如图 3-14 所示。

图 3-14　奶泡沾在拉花杯壁上

3．判断奶泡的优劣

杯壁上的奶泡光滑且无大小不均的泡泡，像奶油一般沾在杯壁上慢慢滑下来，说明奶泡够稠但不厚。

如杯壁上奶泡下滑的速度快，说明奶泡与牛奶并没有混合均匀，这时杯壁上就会出现大小不均的泡泡。如利用此种奶泡拉花，倒入浓缩咖啡中会产生泡泡，咖啡表面就会出现坑坑洞洞。

成功的奶泡，把九成的奶泡倒掉，拉花杯壁上的奶泡粗细还是一样的，只是浓稠度淡了许多。

（二）打发奶泡要注意的问题

用意式咖啡机打发出优质奶泡，最重要的一项因素就是蒸汽，它直接影响奶泡的质量。在使用蒸汽打发奶泡时要注意蒸汽、蒸汽棒、水 3 个方面的问题。

1．蒸汽范围与奶泡的关系

现在市面上最常见的蒸汽棒的蒸汽范围如图 3-15 所示。

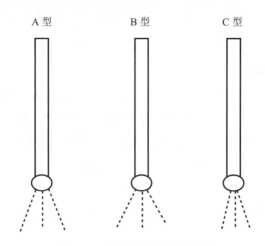

图 3-15　蒸汽棒蒸汽范围比较

A 型蒸汽范围比较适中，打发奶泡时容易掌握其水流，蒸汽棒与水流的契合度较高，产生粗泡的概率也比较小。

B 型蒸汽属大范围蒸汽，可在短时间内产生泡泡，因为范围广，所以打发奶泡时离水平面不要太近，避免上面的粗泡沉不下来而造成大小泡沫混合不均。

C 型蒸汽属小范围蒸汽，与 A 型蒸汽差不多，但它起泡的时间比 A 型蒸汽久一些。小范围蒸汽使奶泡增多时会有搅拌的困难，所以打发奶泡时应将蒸汽棒往下插深一点。

2．蒸汽棒与奶泡的关系

常见的蒸汽棒孔数如图 3-16 所示。

图 3-16　常见的蒸汽棒孔数

蒸汽棒孔数的多少与打发奶泡的时间相关，孔数越多，加热时间越短，打发奶泡的时间也越短；蒸汽棒气孔的分布与奶泡的优劣和打发时间也相关，中间有孔加热快，但易产生粗泡而不易打细。a 和 b 这两种蒸汽棒打起奶泡来都比较稳定。

综合上述，搭配上是 A 型蒸汽配 a 孔或 b 孔最好，使用这种搭配在打发奶泡时对于温度、起泡和水流的掌控都远比其他的搭配要好。

3．水的质量与奶泡的关系

如果水的质量好，用蒸汽可以将奶泡打得很细、很绵而又不厚实。专业用咖啡机锅炉内的水都是过滤后的软水，利用加热后的蒸汽可以将奶泡打细却又不会太厚。营业用机器基本上是由锅炉提供蒸汽打发奶泡，但放置一段时间不用蒸汽，蒸汽棒管壁会产生水滴。为减少水滴，如用湿抹布覆盖在蒸汽棒上，蒸汽棒的管壁会吸附过多的水分，打发奶泡时管壁上的水分又没有彻底用尽，打发奶泡的时间也会增加，奶泡较粗且不均匀。所以，打发奶泡之前要把水分释放干净。

三、牛奶和用具的选择

1）要选用全脂牛奶，脂肪含量在 3.2% ～ 3.6%。脂肪越少，奶沫越硬。牛奶在使用前要进行冷藏，最佳温度在 4℃，这可以减缓打发奶泡时温度上升的速度。

2）拉花杯最好选用带出水口的不锈钢材质，上窄下宽，易于形成旋涡。带有温度显示功能的拉花杯最好，不至于把牛奶打发得太热。出水口的作用是帮助拉花。

3）温度计：华氏（°F）温度计感应温度变化比摄氏（℃）温度计灵敏。

4）奶泡勺：要用蛋形尖口的奶泡勺，便于将上层粗奶泡刮掉，只留绵密的奶泡，增强香滑的口感。

5）干净毛巾：用于保持蒸汽管的清洁。

第五单元　用意式咖啡机制作拉花

你知道吗？

1. 心形图案是如何通过拉花的方式形成的？
2. 树叶图案是如何通过拉花的方式形成的？

　　拉花咖啡是从传统意式咖啡中发展出来的一种咖啡调制技术，制作时把发泡牛奶倒入浓缩咖啡液内，通过手的晃动在咖啡液表面形成心形、叶片花纹或其他图案，主要有直接倒入成形法、手绘图形法两种方式。

　　直接倒入成形法是将发泡后的牛奶迅速倒入意式浓缩咖啡中，两者融合到一定程度后，运用手的晃动技巧和奶泡波动，在意式浓缩咖啡液面上形成各种各样的图案，如叶子、心形、圆形等。

　　手绘图形法是在牛奶、咖啡和奶泡融合的基础上，用雕花棒在咖啡液表面勾画出各种图形。分为旋转法、画线法、雕塑法等。

　　做好拉花咖啡要具备五个条件：一是选择好的意式浓缩咖啡；二是具备绵密细致的奶泡；三是配顺手的尖嘴拉花杯；四是咖啡师的手感好，功力深厚；五是使用大容量宽口径的咖啡杯。拉花时，拉花杯尖嘴与咖啡杯的杯耳成90°（这样做是为了保证出品的时候拉花图形正对顾客）。找一个中心点注入牛奶，控制好流量，当咖啡油脂表面出现白色奶沫时要注意盖白，流量稍小但不要断流。

一、心形图案的制作

　　心形图案的制作步骤如表3-17所示。

表3-17　心形图案的制作步骤

步骤	图示	操作步骤
1		选择液面边缘为注入点，将牛奶注入杯中，注入2/5时流量慢慢加大

续表

步骤	图示	操作步骤
2		出现白点的时候左右微微晃动；缩短拉花杯与杯子的距离
3		牛奶注入 4/5 时定点保持好圆形
4		使白色奶沫形状保持在油脂的中心
5		把牛奶往前细流收直，直至边缘
6		收尾，一杯心形拉花咖啡就制作完成了

注：在拉心形花时，对新手来说用长嘴奶壶较容易上手，容易倒，用平嘴奶壶也可以；牛奶的流速不要变小，这样才能保持一定的冲力。

二、树叶图案的制作

树叶图案的制作步骤如表 3-18 所示。

表 3-18　树叶图案的制作步骤

步骤	图示	操作步骤
1		选择液面中间点为注入点。牛奶的流量稍小，慢慢加大注入量
2		慢慢加大牛奶流量，出现白点时，左右呈 S 形轻微晃动，流速不能变小，要保持一定的冲力
3		出现叶形时，慢慢往后拉，晃动幅度慢慢变小，牛奶的流速也适当变小
4		一边往后拉，左右轻微晃动，一边注意把牛奶的注入速度变慢，流量变小

续表

步骤	图示	操作步骤
5		拉到后面快到末端时快速向前抬高杯口，形成树叶枝干
6		完整的树叶图案制作完成

三、线式图案的制作

线式图案的制作步骤如表 3-19 所示。

表 3-19　线式图案的制作步骤

步骤	图示	操作步骤
1		当咖啡与奶泡融合至八分满后，将杯子放正
2		将拉花杯放低，在杯子前方杯沿处注入牛奶

续表

步骤	图示	操作步骤
3		左右晃动，使咖啡表面产生一半奶泡和一半咖啡
4		用雕花棒尖头处在中间的位置，从头到尾连续画 S 形
5		用雕花棒的尖头处从 S 形的中间处一直向下画
6		有个性的线式图案制作完成

四、实操训练

用意式咖啡机制作拉花实操训练内容与评价见表 3-20。

表 3-20 用意式咖啡机制作拉花实操训练与评价

练习情况　练习内容	第一次			第二次			第三次			改进之处
	好	中	差	好	中	差	好	中	差	
流量控制练习										
心形图案练习										
树叶图案练习										
其他造型练习										

练 习 题

一、判断题

1. 调节磨豆机刻度时，不能完全以磨豆机显示的刻度为依据。　　　　（　　）

2. 咖啡厅常用水处理系统中，能去除钙、镁离子的滤芯是活性炭滤芯。　　（　　）

3. 安装软水器可以延长咖啡机的使用寿命。　　　　　　　　　　　（　　）

4. 使用半自动压力式咖啡机制作意式浓缩咖啡时，若口味过淡，油脂过薄，颜色发黑，应检查咖啡粉是否过粗、咖啡机压力是否过大、水温是否过高等。　　（　　）

5. 一杯好的意式浓缩咖啡，是香气、味道、浓稠度和棕黄色的绵密油沫这四大特点的完美调和。　　　　　　　　　　　　　　　　　　　　　　（　　）

6. 单品咖啡豆和拼配咖啡豆最好在不同的研磨机里进行研磨。　　　　（　　）

二、填空题

1. 咖啡研磨机清洁保养的正确程序是关闭 _____ 、关闭出料口、清空豆仓、清理 _____ 、清理粉仓下残渣底盘。

2. 用半自动咖啡机制作咖啡用水需 _____ 和 _____ 。在水质比较软的地区，咖啡厅常用的水处理系统，可以只安装 _____ 、 _____ 。

3. 为延长咖啡机使用寿命，保证出品质量，建议选用 _____ 制作咖啡。

4. 安装半自动咖啡机时，水处理系统的 _____ 、 _____ 部分应安装在咖啡机的最前端。

5. 世界著名的咖啡机主要有 _____ 、兰奇里奥和 _____ 等品牌。

6. 半自动咖啡机在使用过程中对水的要求很高，一般都要求配备 _____ 和净水器。

7. 半自动咖啡机的机头每天都要清洁，不能用清洁剂， _____ 是清洗咖啡机头最有效的方法。

8. 咖啡机的蒸汽喷头清洁流程为清洁蒸汽喷头 _____ 、清洁抹布 _____ 、适当用清水 _____ 。

9. 一杯好的意式浓缩咖啡需要四大要素配合，即 _____ 、研磨、机器、 _____ 。

三、选择题

1. 半自动咖啡机反冲洗的流程为（　　　）。

　　① 将换装好盲碗的冲泡手柄扣在冲泡头上

　　② 进行反冲洗

　　③ 刷洗冲泡头

　　④ 冲泡头适当放水

A. ②③①④   B. ③④①②

C. ④③①②   D. ①④②③

2. 咖啡厅常用的，带软水功能的净水器中的滤芯不能去除（   ）。

A. 铁离子   B. 钙离子

C. 镁离子   D. 铜离子

3. 咖啡机的锅炉易结水垢，需先去除水中杂质，应使用（   ）。

A. 自然沉淀的水   B. 加漂白剂后的水

C. 净水装置   D. 加盐水

4. 使用压力式半自动咖啡机制作奶泡，下列描述正确的是（   ）。

A. 蒸汽喷头喷出蒸汽直冲奶钢杯底

B. 可不喷蒸汽将喷头直接置于牛奶中打奶泡

C. 蒸汽喷头喷出蒸汽要与牛奶向同方向旋转

D. 蒸汽喷头喷出蒸汽要与牛奶向反方向旋转

5. 一杯意式浓缩咖啡，其油脂偏薄、颜色发白。原因不可能为（   ）。

A. 咖啡机压力不够   B. 牛奶量太少

C. 蒸汽不足   D. 粉量过多

四、思考题

1. 你了解哪些专业咖啡机？它们各有什么特点？

2. 如何才能延长半自动咖啡机的使用寿命？

3. 意式浓缩咖啡的萃取步骤有哪些？

4. 用半自动咖啡机打发奶泡要注意哪些问题？

5. 制作拉花的基本要领有哪些？

第四模块
经典花式咖啡的制作

　　花式咖啡就是以单品咖啡（或意式浓缩咖啡）为基础，加入其他辅料制作而成的新饮品。它不仅可以使人享受到咖啡的美味，还可以给人以视觉享受。一杯花式咖啡就是一件艺术品，因此，花式咖啡越来越受消费者的喜爱和追捧。

拉花

第一单元　卡布奇诺咖啡

你知道吗？

> 1. 你知道"卡布奇诺"的典故吗？
> 2. 卡布奇诺咖啡有多少种做法？
> 3. 如何制作花式摩卡咖啡？

一、卡布奇诺的来历

20 世纪初期，意大利人阿奇布夏发明了蒸汽压力咖啡机，同时也发明了卡布奇诺咖啡（Cappuccino）。它是一种以相同量的意大利特浓咖啡和蒸汽泡沫牛奶相混合的意大利咖啡。意大利人爱喝咖啡，他们发现浓缩咖啡液、牛奶和奶泡混合后，其颜色和形状就像圣芳济教会 (Capuchin) 的修士穿着褐色道袍，头戴一顶尖尖帽子，故为其取名为 Cappuccino。

意大利传统的卡布奇诺咖啡的基本调配比例为浓缩咖啡 20 ～ 30 毫升、发泡牛奶 80 毫升、奶泡 50 毫升，端上桌给客人的是 150 毫升满满一杯。改变浓缩咖啡与牛奶的比例，就是玛琪朵咖啡、玛琪朵拿铁咖啡等；卡布奇诺咖啡的口味分为重口味、淡口味、有奶泡、无奶泡等类型，如在卡布奇诺咖啡上撒上肉桂粉、附上肉桂棒或发泡鲜奶油等就成为各式各样的花式咖啡。

二、卡布奇诺咖啡的分类与制作

（一）卡布奇诺咖啡的分类

卡布奇诺咖啡以牛奶和奶泡的多少分为干和湿两种。干卡布奇诺是指奶泡较多、牛奶较少的调理法，喝起来咖啡味浓过奶香，适合重口味者饮用。湿卡布奇诺则指奶泡较少，牛奶量较多的做法，喝起来奶香盖过浓郁的咖啡味，适合口味清淡者饮用，湿卡布奇诺咖啡的风味和目前流行的拿铁咖啡差不多。

卡布奇诺咖啡以是否加冰块分为冰卡布奇诺咖啡和热卡布奇诺咖啡两种。

（二）卡布奇诺咖啡的制作

1．冰卡布奇诺咖啡的制作

材料：意式浓缩咖啡液 45 毫升，牛奶 300 毫升，糖水 15 毫升，冰块适量。

装饰材料：巧克力粉、咖啡油脂各少许。

建议载杯：果汁杯。

制作步骤见表 4-1。

表 4-1　冰卡布奇诺咖啡的制作步骤

步骤	图示	操作步骤
1		将糖水加入杯中作为底层，备用
2		加冰块入载杯中至八分满
3		将意式浓缩咖啡液倒入载杯中
4		把奶泡中的牛奶缓缓倒入杯中至七分满，并搅拌

续表

步骤	图示	操作步骤
5		将牛奶倒入中型拉花杯中，快速打发奶泡
6		沿中型拉花杯杯沿刮奶泡入杯
7	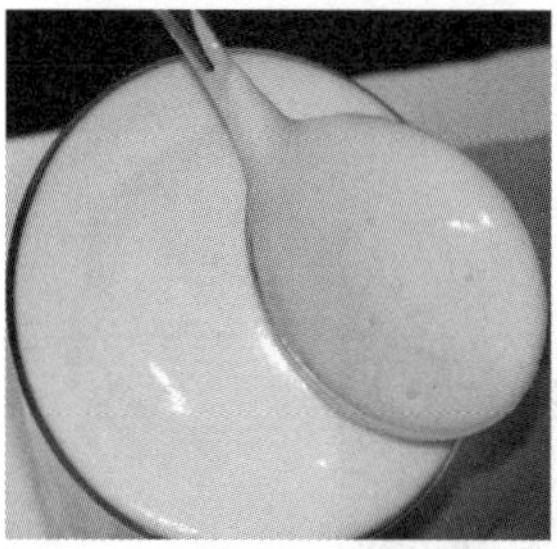	装奶泡至杯满，抹平
8		撒上巧克力粉装饰

2．传统卡布奇诺咖啡的制作

材料：意式浓缩咖啡液 30 毫升，牛奶 300 毫升。

建议载杯：陶瓷杯。

制作步骤见表4-2。

表 4-2　传统卡布奇诺咖啡的制作步骤

步骤	图示	操作步骤
1		萃取意式浓缩咖啡液一份至载杯中
2		将牛奶倒入拉花杯中，打成奶泡
3	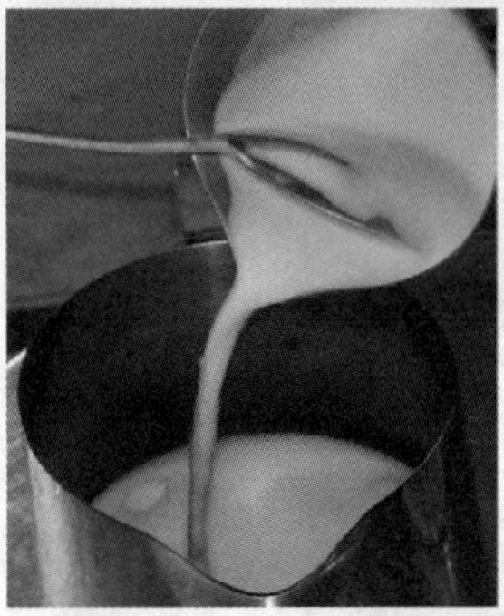	刮掉粗奶泡，将牛奶、奶泡分杯
4		将奶泡中的牛奶缓缓倒入杯中至七分满

续表

步骤	图示	操作步骤
5		加大奶泡刮入速度
6		刮入奶泡至杯满

三、花式摩卡咖啡的制作

（一）摩卡奇诺（热）咖啡的制作

原料：意式浓缩咖啡液、巧克力酱、牛奶各适量。

建议载杯：180 ～ 220 毫升陶瓷咖啡杯。

制作步骤见表 4-3。

表 4-3　摩卡奇诺（热）咖啡的制作步骤

步骤	图示	操作步骤
1		温杯后，将 20 毫升巧克力酱倒入载杯中
2		萃取一份标准的意式浓缩咖啡液倒入载杯中搅拌

续表

步骤	图示	操作步骤
3		将牛奶打发后的奶泡倒入载杯中至杯满
4		在奶泡中间挤入巧克力酱
5		用雕花棒从外向内平分圆
6		摩卡奇诺咖啡制作完成

（二）花式摩卡（冰）咖啡的制作

材料：意式浓缩咖啡液、牛奶、巧克力酱、奶油各适量。

建议载杯：280～320毫升玻璃圆锥杯。

制作步骤见表4-4。

表4-4　花式摩卡（冰）咖啡的制作步骤

步骤	图示	操作步骤
1		将巧克力酱倒入载杯中备用
2		加冰块入载杯
3		萃取意式浓缩咖啡液一份倒入载杯中
4		将牛奶倒入载杯至八分满

步骤	图示	操作步骤
5		用吧匙充分搅拌，使其完全混合
6		将发泡奶油挤在液面上
7		奶油从四周向中间收成塔尖形
8		挤入巧克力酱装饰
9		花式摩卡（冰）咖啡制作完成

知识拓展

卡布奇诺咖啡的其他制作方法

1. 冷缩法

冷缩法即将刚冲煮出来的浓缩咖啡在最热的状态下直接倒入冰块之中，使温度急速冷却，将原本会伴随着水蒸气散失的挥发性芳香物质封在咖啡之中，使咖啡的香气特别浓郁。这些冰块的融化，使得浓缩咖啡的浓度变得恰到好处，香浓而不至于过度强烈。

2. 摩卡霜冻咖啡的制作方法

用果汁机将冰块与冰淇淋打碎调和，创造出一种绵密的视觉效果，再加入摩卡冰咖啡，一杯摩卡霜冻咖啡就制作完成了。摩卡霜冻咖啡入口溜滑，沁爽香醇，在炎炎的夏日可以给饮用者以清凉的感受。

第二单元　康宝蓝和玛琪雅朵咖啡

你知道吗？

1. 你知道"玛琪雅朵"的意思吗？
2. 如何制作玛琪雅朵咖啡？

一、玛琪雅朵咖啡的来历

玛琪雅朵（Macchiato）是意大利最美丽、最高贵的一种鲜花，它象征着美丽与淳朴，在意大利语中为"一点点"的意思，后演绎为意大利一个民族部落的信仰，成为一种生活精神。而玛琪雅朵咖啡是一种现代时尚生活的代表，代表一种心境回归自然的境界。

玛琪雅朵与康宝蓝是意大利咖啡"百花齐放"中的"两朵花"。只要在意大利浓缩咖啡中加入适量的鲜奶油，即轻松地完成了一杯康宝蓝咖啡的制作。嫩白的鲜奶油轻轻漂浮在深沉的咖啡上，宛若一朵出淤泥而不染的白莲花，令人不忍一口喝下。在意大利浓缩咖啡中，不加鲜奶油、牛奶，只加上两大勺绵密细软的奶泡就是一杯玛琪雅朵咖啡。要想享受玛琪雅朵咖啡的美味，就要一口喝下。

二、康宝蓝咖啡和玛琪雅朵咖啡的制作

（一）康宝蓝咖啡的制作

材料：意式浓缩咖啡液 1 份，鲜奶油、巧克力酱各适量。

建议载杯：90 ～ 120 毫升陶瓷杯。

制作步骤见表 4-5。

表 4-5　康宝蓝咖啡的制作步骤

步骤	图示	操作步骤
1		萃取一份标准的意式浓缩咖啡液

续表

步骤	图示	操作步骤
2		用奶油枪挤入奶油，旋转奶油封杯
3		用巧克力酱做装饰即可

（二）焦糖玛琪雅朵咖啡的制作

原料：意式浓缩咖啡液 1 份，牛奶、焦糖酱各适量。

建议载杯：120 ～ 150 毫升厚壁陶瓷咖啡杯。

制作步骤见表 4-6。

表 4-6　焦糖玛琪雅朵咖啡的制作步骤

步骤	图示	操作步骤
1		将焦糖酱 15 毫升倒入载杯中作底层
2		萃取一份标准的意式浓缩咖啡液

续表

步骤	图示	操作步骤
3		将牛奶倒入拉花杯中打发成奶泡
4		将打发后的奶泡倒入装有意式浓缩咖啡液的咖啡杯中直至杯满
5		用焦糖酱在液面上作网状装饰
6		焦糖玛琪雅朵咖啡制作完成

第三单元 拿铁咖啡

你知道吗？

1. 什么是拿铁咖啡？
2. 如何制作拿铁咖啡？

一、拿铁咖啡的来历

拿铁是意大利文"Latte"的译音。拿铁咖啡是意式浓缩加牛奶类咖啡，是花式咖啡的一种，为咖啡与牛奶交融的极致之作。意式拿铁咖啡为牛奶加咖啡，而美式拿铁咖啡则用奶泡替换牛奶。

"蓝瓶子"是维也纳人柯奇斯基在维也纳开的咖啡馆，柯奇斯基第一次把牛奶加入咖啡中，创造了咖啡与牛奶的绝配。刚开始的时候，咖啡馆的生意并不好，维也纳人不太适应这种浓黑焦苦的饮料。聪明的柯奇斯基改变了做法，将咖啡渣过滤掉并加入大量的牛奶——这就是如今咖啡馆里常见的拿铁咖啡的原创版本。

二、拿铁咖啡的制作

（一）冰拿铁的制作

材料：糖水 20 毫升，牛奶 200 毫升，意式浓缩咖啡液 45 毫升，冰牛奶 200 毫升，冰块适量。

建议载杯：大号玻璃杯（330 毫升）。

制作步骤见表 4-7。

表 4-7 冰拿铁的制作步骤

步骤	图示	操作步骤
1		将牛奶倒入量杯中备用

续表

步骤	图示	操作步骤
2	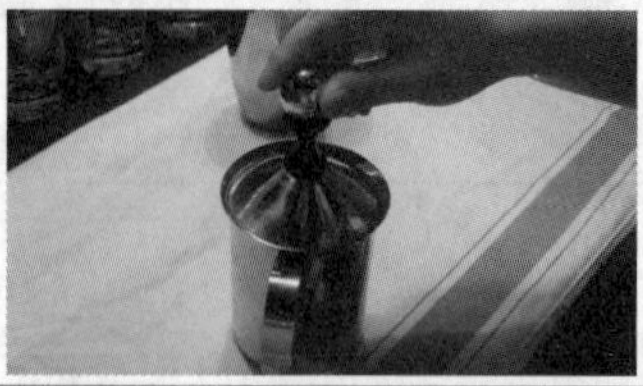	取冰牛奶 200 毫升倒入手动奶泡壶，打发成奶泡
3	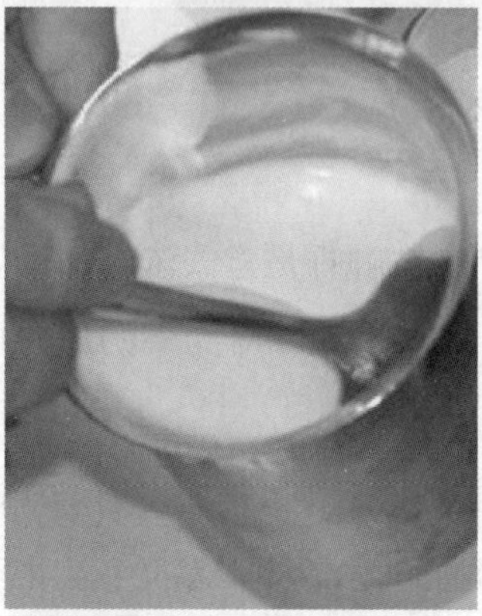	打成奶泡后，将粗奶泡刮掉
4	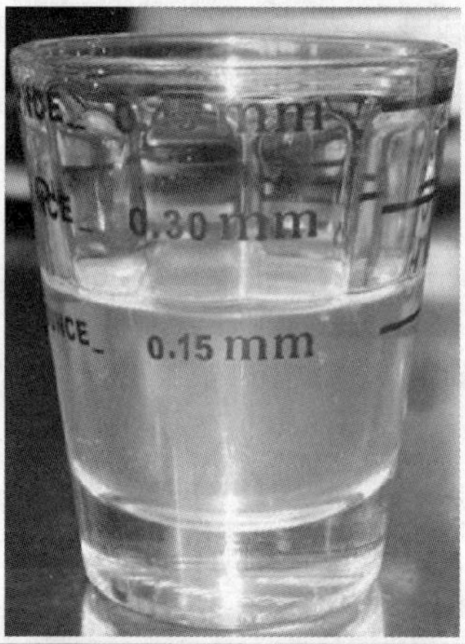	在量杯中加入约 20 毫升糖水
5	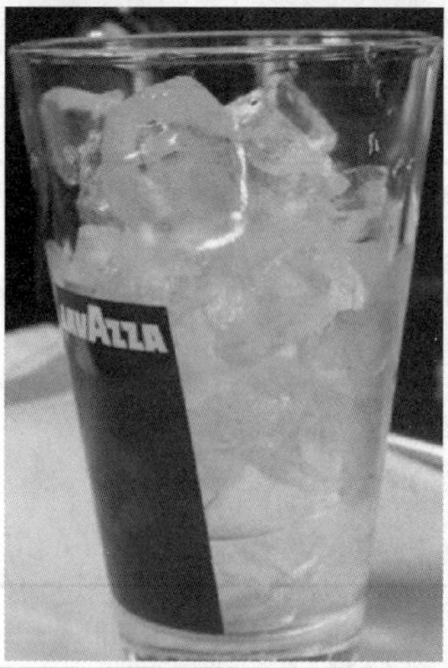	将糖水倒入载杯中，并加入冰块

续表

步骤	图示	操作步骤
6		取 200 毫升牛奶加入载杯中搅匀
7		取 45 毫升意式浓缩咖啡液倒入拉花杯中
8		将奶泡用拉花勺舀入载杯至七分满
9		倒入意式浓缩咖啡液

续表

步骤	图示	操作步骤
10		将奶泡刮入至杯满后抹平

（二）热拿铁的制作

材料：牛奶200毫升，意式浓缩咖啡液30毫升。

制作步骤见表4-8。

表4-8　热拿铁的制作步骤

步骤	图示	操作步骤
1		萃取意式浓缩咖啡液一份
2		取牛奶200毫升，打发成奶泡
3		找一个注入点，慢慢注入牛奶，开始时流量稍小，随后慢慢加大牛奶的注入量

续表

步骤	图示	操作步骤
4		拉到后面快到末端时快速向前抬高杯口，形成树叶的枝干形状
5		热拿铁制作完成

知识拓展

花式拿铁咖啡的制作方法

1．跳舞（热）拿铁的制作

材料：意式浓缩咖啡液45毫升，热水30毫升，牛奶200毫升，果糖15毫升。

装饰材料：巧克力酱少许。

制作方法：将果糖15毫升倒入载杯中；取牛奶200毫升倒入小型拉花杯中，打发成奶泡；将拉花杯中的牛奶缓缓倒入杯中至六分满，再刮入奶泡至杯满；在奶泡中用吧匙做一个凹型，再将意式浓缩咖啡液和30毫升热水搅匀后倒入载杯，再用奶泡覆盖，用巧克力酱装饰即可。

2．其他花式拿铁咖啡的制作

以拿铁为基底，加上各种各样的糖酱或利口酒，就是各种样式的花式咖啡。例如，加入玫瑰果露就是玫瑰拿铁；加入香草果露、巧克力、棉花糖就是棉花糖拿铁；加入君度、香草果子糖果露就是君度橙香糖霜拿铁。

欧蕾咖啡可以看成是欧式的拿铁咖啡，其做法简单：一杯意大利浓缩咖啡和一大杯热牛奶同时倒入一个大杯子，最后在液体表面放两勺打成泡沫的奶油。

与美式、意式拿铁相比，欧蕾咖啡要求将牛奶和浓缩咖啡一同注入杯中，牛奶和咖啡在第一时间相遇，碰撞出的是一种闲适自由的心情。

第四单元　维也纳咖啡

你知道吗？

1. 维也纳咖啡为什么又称"单头马车"？
2. 维也纳咖啡是如何制作的？

一、维也纳咖啡的来历

图 4-1　维也纳咖啡

维也纳咖啡是奥地利最著名的咖啡，是"维也纳三宝"（咖啡、音乐和华尔兹）之一，以浓浓的鲜奶油和巧克力的甜美风味迷倒全球人士。维也纳咖啡如图 4-1 所示。

维也纳咖啡，传说是一名叫爱因·舒伯纳的马车夫发明的，也称为"单头马车"或"驭手咖啡"。在一个寒冷的夜晚，爱因·舒伯纳一边焦急地等主人归来，一边为自己煮咖啡，不禁想起了家中的妻子为他一点一点搅拌咖啡中的糖和奶油的情景。不知不觉，马车夫向杯子中加了很多的奶油，却忘了搅拌。在雪白的鲜奶油上，拌着巧克力酱，逐渐演化成了今天的维也纳咖啡。

在维也纳咖啡上撒一些缤纷七彩米，扮相非常漂亮，隔着甜甜的巧克力糖浆、冰凉的鲜奶油，啜饮滚烫的热咖啡，更是别有一番风味。

维也纳咖啡是慵懒的周末或是闲适的午后最好的伴侣。品尝这种美味时不搅拌，触碰到的首先是冰凉的奶油，柔和爽口；然后是浓香的咖啡，润滑却微苦；最后是甜蜜的糖浆，即溶未溶的关键时刻，带给人们发现宝藏般的惊喜。

二、维也纳咖啡的制作

材料：现煮的咖啡液 150 毫升（建议使用曼特宁咖啡），发泡鲜奶油适量。

装饰：巧克力酱少许。

制作步骤见表 4-9。

表 4-9　维也纳咖啡的制作步骤

步骤	图示	操作步骤
1		用法式滤压壶煮咖啡液 150 毫升，倒入量杯中
2		温杯
3		将咖啡液倒入载杯中
4		将发泡鲜奶油挤在咖啡液上
5		用巧克力酱装饰

第五单元　爱尔兰咖啡

你知道吗？

1. 爱尔兰咖啡是如何产生的？
2. 哪些酒可与咖啡搭配，做成花式咖啡？

在咖啡中加入酒类（多为利口酒），品咖啡的同时也享受了酒的美味，是咖啡的另一种品尝方法。咖啡可与白兰地、伏特加、威士忌等各种酒类调配，与白兰地尤其适合。白兰地是将葡萄酒发酵，再次蒸馏而制成的蒸馏酒，与咖啡调和后，口感苦涩中略带甘甜，不仅是男士的最爱，也深受女士欢迎。

一、爱尔兰咖啡的故事

爱尔兰咖啡又称"天使的眼泪"，它向我们讲述的是一个没有结果的爱情故事。

据说爱尔兰咖啡是都柏林机场的酒保为了一位美丽的空姐而发明的。

酒保在都柏林机场与一位空姐邂逅了，酒保对空姐一见钟情，觉得她就像爱尔兰威士忌一样，浓香而醇美。酒保最擅长调制鸡尾酒，很希望空姐能喝一杯。空姐每次到吧台，点着不同的咖啡，但从未点过鸡尾酒。后来酒保把爱尔兰威士忌与咖啡结合，调成一种新的饮料，取名为爱尔兰咖啡，并特地为空姐制作了一份饮品单，加上了爱尔兰咖啡。

可惜这位空姐一直没有发现专用饮品单里的爱尔兰咖啡，酒保也未提醒她。过了整整一年，她终于发现并点了爱尔兰咖啡。当第一次为他的天使煮爱尔兰咖啡时，酒保因为激动而流下了眼泪。但他怕被别人看到，便用手指将眼泪抹掉并在爱尔兰咖啡杯口画了一圈，因此爱尔兰咖啡也就带有了思念被压抑许久后发酵的味道。空姐非常喜欢爱尔兰咖啡，此后只要一停留在都柏林机场，便会点上一杯爱尔兰咖啡。酒保问空姐："Want some tear drops?"（需要加点眼泪吗？）但她不明白。

当这位空姐回到旧金山的家后，有一天突然想喝爱尔兰咖啡，但她找遍了旧金山所有的咖啡馆都没发现。她这才知道原来爱尔兰咖啡是酒保专为她创造的，此时她也终于明白酒保问她"Want some tear drops？"的意思了。

没多久，空姐开了一家咖啡店，也卖起了爱尔兰咖啡。渐渐地，爱尔兰咖啡便开始在旧金山流行起来。这就是爱尔兰咖啡最早出现在爱尔兰的都柏林，却盛行于旧金山的原因。

爱尔兰咖啡既是鸡尾酒，又是咖啡，本身就是一种美丽的错误。

二、发泡鲜奶油的制作

发泡鲜奶油是花式咖啡中最常用的材料之一，传统的制作方法是以手动或电动打蛋器打发鲜奶油，再装进挤花袋中使用。另一种方法是使用鲜奶油喷枪，以高压氮气的方式制作出鲜奶油，这种方式在咖啡馆中使用较普遍。

制作步骤如下：

1）取鲜奶油倒入鲜奶油喷枪中。一次容量一般在 200～250 毫升；每次使用后必须清洗干净并晾干，否则发泡奶油易变质。

2）将瓶盖、挤花嘴装上栓紧。

3）再放入氮气空气弹，并锁紧，使气体注入喷枪内瓶中。每次只能用一颗氮气弹，用过的中间会有一个小孔。

4）将鲜奶油喷枪倒置，上下摇晃数次直到喷枪内听不到液体声音为止。

5）按下把手，使挤花嘴与咖啡液面呈直角，离咖啡液表面 1～2 厘米，以螺旋方式由外向内挤入。

三、爱尔兰咖啡的制作

材料：热咖啡 200 毫升，方糖 2 块，爱尔兰威士忌 30 毫升，爱尔兰咖啡专用杯及杯架。

装饰：发泡鲜奶油。

建议载杯：爱尔兰咖啡专用杯。

制作步骤见表 4-10。

爱尔兰咖啡的制作

表 4-10 爱尔兰咖啡的制作步骤

步骤	图示	操作步骤
1		温杯，加入方糖，取 30 毫升爱尔兰威士忌倒入爱尔兰咖啡专用杯中

续表

步骤	图示	操作步骤
2		将杯子置于爱尔兰咖啡专用杯架上，点火并迅速转动咖啡杯，使其受热均匀。方糖融化后拿出杯子，将酒精灯盖灭
3		用打火机将杯中的酒点燃，匀速转动，使杯中的酒精挥发
4		倒入热咖啡至八分满
5		旋转奶油封杯
6		爱尔兰咖啡制作完成

知识拓展

露茜亚咖啡的制作

在法国南部乡村，葡萄园工人下班后，喜欢饮用咖啡或酒类饮料。在很多乡镇咖啡馆或酒吧里通常都出售露茜亚咖啡。

原料：热咖啡，君度利口酒，奶油，新鲜橙皮。

建议载杯：180～220毫升陶瓷咖啡杯。

制作步骤：

1）将新鲜橙皮切成细丝，放入10～15毫升君度利口酒中浸泡备用。

2）将一份热咖啡倒入杯中至八分满。

3）再将浸泡后的君度利口酒倒入咖啡中。

4）旋转奶油封杯。

5）将浸泡后的橙丝放在奶油上做装饰。

第六单元　花式咖啡创新

你知道吗？

1. 如何进行花式咖啡的创新？
2. 怎样才能制作出自己喜欢的花式咖啡？

　　咖啡师通过对意式浓缩咖啡及卡布奇诺咖啡的理解，在咖啡中加入酒类、果品等材料，在载杯、装饰等方面加以创新，形成新的咖啡饮品。创作花式咖啡不仅要求动作熟练、方法正确、心中有画，而且在选材上要正确，用杯要适当，熟练掌握饮品及各种器具的使用方法。

　　在传统的拉花手法基础上，通过拉花杯在手中的动作变化，形成各种不同的图案，再辅以手绘（雕花）技法，制作成各式新颖的花式咖啡。花式咖啡的创新要求咖啡师有一定的想象力和绘画基础。

一、美丽兔子图案的创作

　　材料：意式浓缩咖啡液，牛奶。

　　建议载杯：陶瓷杯。

　　制作步骤见表 4-11。

表 4-11　美丽兔子图案的创作步骤

步骤	图示	操作步骤
1		在浓缩咖啡液上倒入已打发好的奶泡
2		用奶泡倒出兔子形状

步骤	图示	操作步骤
3		用雕花棒蘸咖啡液画出兔子的眼睛
4		蘸上咖啡液画出兔子的胡须

注：这款咖啡图案更适合单身的少女，表现的是一种温柔恬静的美。

二、憨厚小熊图案的创作

材料：意式浓缩咖啡液，牛奶。

建议载杯：陶瓷杯。

制作步骤见表 4-12。

表 4-12　憨厚小熊图案的创作步骤

步骤	图示	操作步骤
1		将奶泡倒入浓缩咖啡液中部至六分满，使其融合
2		将拉花杯放低，在原处倒出圆形，收起奶泡

续表

步骤	图示	操作步骤
3		在圆形边缘处再倒出个小圆，形成小熊的脸
4	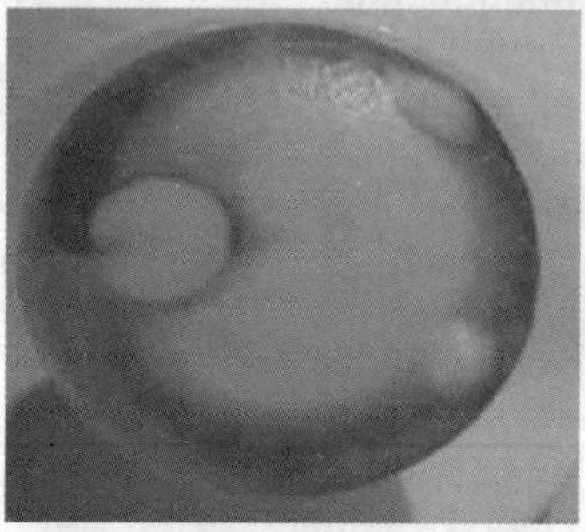	用雕花棒的尖头蘸上奶泡画出小熊的耳朵
5		点上小熊的眼睛，画出鼻子、嘴巴等
6		小熊图案创作完成

三、小野菊图案的创作

材料：意式浓缩咖啡液，牛奶，巧克力酱。

建议载杯：陶瓷杯。

制作步骤见表 4-13。

表4-13　小野菊图案的创作步骤

步骤	图示	操作步骤
1		当咖啡与奶泡融合至七分满后，将拉花杯放在陶瓷杯的前方杯沿处并往旁边靠，陶瓷杯放正
2		拉花杯放低后开始左右晃动，产生圆形图案，再迅速地收掉奶泡
3		将拉花杯换至杯口的另一边左右晃动，产生圆形图案，这个圆形要小些
4		在咖啡液表面的两个圆形图案的外围挤上一圈巧克力酱

续表

步骤	图示	操作步骤
5		用雕花棒从边缘向中心点画出八个花瓣形状，从每瓣的边缘向外画出尖角
6		小野菊图案创作完成

四、阿拉伯商人图案的创作

材料：意式浓缩咖啡液，牛奶。

建议载杯：陶瓷杯。

制作步骤见表4-14。

表4-14 阿拉伯商人图案的创作步骤

步骤	图示	操作步骤
1		在一份意式浓缩咖啡液中注入奶泡
2		拉花杯左右晃动形成半圆形，用勺舀入奶泡呈半月形

续表

步骤	图示	操作步骤
3		用雕花棒蘸咖啡液画出商人的眉毛
4		用雕花棒画出商人的眼、鼻子
5		用雕花棒画出商人的嘴、胡须
6		阿拉伯商人图案创作完成

五、蝴蝶图案的创作

材料：意式浓缩咖啡液，牛奶。

建议载杯：陶瓷杯。

制作步骤见表4-15。

表 4-15　蝴蝶图案的创作步骤

步骤	图示	操作步骤
1		在意式浓缩咖啡液中心点倒入奶泡
2		接近八分满时将拉花杯放低，在中心点倒出圆形
3		用雕花棒蘸上奶泡划分两个半圆，画出蝴蝶的两须
4		用雕花棒蘸上奶泡，从外向内再分两个半圆

续表

步骤	图示	操作步骤
5		画出蝴蝶的翅膀
6		用雕花棒由内向外拉，蝴蝶图案创作完成

六、笑娃娃图案的创作

材料：意式浓缩咖啡液，牛奶。

建议载杯：陶瓷杯。

制作步骤见表 4-16。

表 4-16　笑娃娃图案的创作

步骤	图示	操作步骤
1		在意式浓缩咖啡液中心点倒入奶泡
2		将拉花杯放低，左右晃动至杯满成圆形

步骤	图示	操作步骤
3		用雕花棒画出两道眉毛
4		画出眼睛和睫毛
5	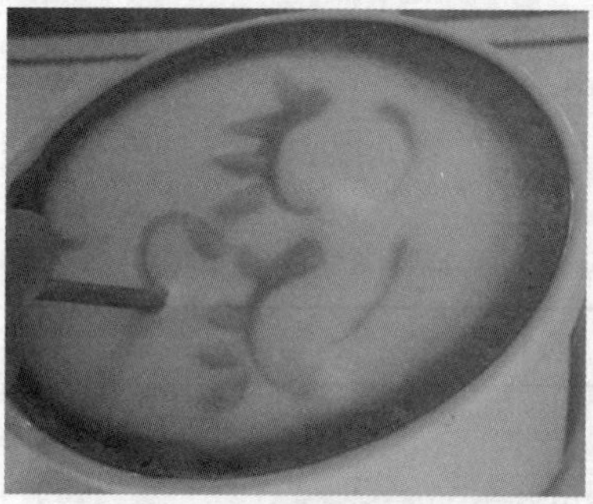	画出鼻子和微笑的嘴
6		笑娃娃图案创作完成

　　在传统的牛奶奶泡、咖啡的组合基础上加入利口酒、果汁、各式果酱、水果等材料，使咖啡具有更加迷人的外表，既增加了食欲，又增加了咖啡艺术品的观赏性，如皇家咖啡、爱尔兰咖啡、君度香橙拿铁、露茜亚咖啡等。

七、冰抹茶拿铁的制作

冰抹茶拿铁是一款咖啡与茶融合的作品。

材料：意式浓缩咖啡液 45 毫升，抹茶粉 15 克，冰牛奶 300 毫升，开水、冰块适量。

装饰：抹茶粉少许。

建议载杯：大号玻璃杯。

制作步骤见表 4-17。

表 4-17　冰抹茶拿铁的制作步骤

步骤	图示	操作步骤
1	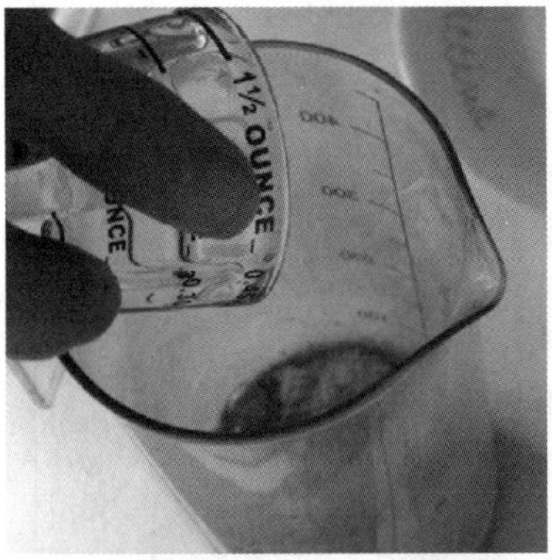	将抹茶粉倒入杯中，加 50 毫升开水搅匀
2		将搅匀的抹茶粉倒入载杯中
3		在载杯中加冰块至八分满

续表

步骤	图示	操作步骤
4		取冰牛奶倒入中型拉花杯中打发成奶泡
5	 	将拉花杯中的牛奶倒入杯中至八分满，搅拌
6	 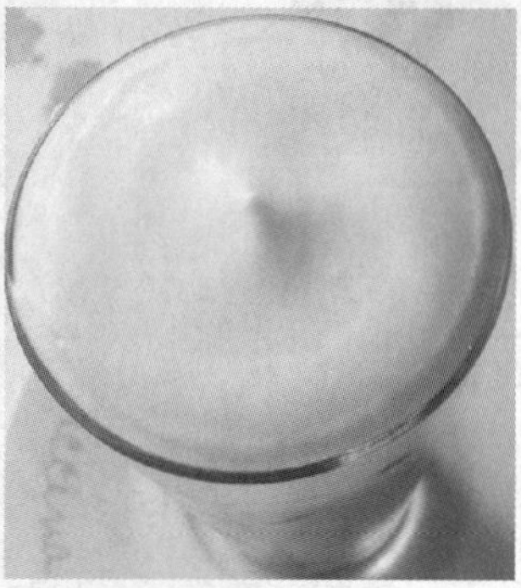	刮入少许奶泡并抹平
7		撒上抹茶粉，冰抹茶拿铁制作完成

练 习 题

一、判断题

1. 制作卡布奇诺咖啡时不用考虑牛奶的量，只要奶泡多就行。（　　）

2. 玛琪雅朵咖啡由意式浓缩咖啡和奶泡组成。（　　）

3. 摩卡咖啡是一种由压力式咖啡机制作，由咖啡、巧克力酱牛奶和奶泡组成的咖啡。

（　　）

4. 拿铁咖啡与卡布奇诺咖啡的区别是二者牛奶与奶泡的比例不同。（　　）

5. 制作爱尔兰咖啡时，杯中加入酒和糖后，应置于杯架旋转加热。（　　）

6. 传统卡布奇诺的咖啡、奶泡与牛奶的比例为 1∶1∶1。（　　）

7. 冰拿铁咖啡由咖啡、牛奶、奶泡和冰块组成。（　　）

8. 康宝蓝咖啡由咖啡和奶油组成。（　　）

9. 传统意义上，一杯合格的卡布奇诺咖啡，使用的咖啡杯应为 150～180 毫升带手柄的陶瓷杯。（　　）

二、填空题

1. 拿铁咖啡创始人是维也纳人 _____，他第一次在咖啡中加入了牛奶。

2. 卡布奇诺咖啡是意大利人 _____ 发明的。

3. 维也纳咖啡是"_____"之一，是奥地利最著名的咖啡，由咖啡液、鲜奶油、巧克力酱组成。

4. 爱尔兰咖啡是由咖啡、_____、方糖、鲜奶油组成的一款既是咖啡又是鸡尾酒的饮品。

5. 花式咖啡创作要求咖啡师动作熟练，方法正确，熟练掌握 _____ 及各种器具的使用方法。

三、思考题

花式咖啡的创作要求有哪些？

第五模块
咖啡馆（厅）的筹备与管理

　　本模块主要介绍创办咖啡馆的相关问题，从门店的选择、对消费人群的定位、设计与装修风格的确定等入手，同时也包括设备的采购、菜单的制作、服务人员的选择与培训和咖啡厅的日常管理等方面的内容。

第一单元 咖啡馆（厅）的筹备

1. 如何选择咖啡厅的位置？
2. 在咖啡厅的设计与装修中应注意哪些方面？

一、咖啡厅的选址与定位

咖啡厅的选址与定位同经营者的目标、资金投入、顾客群、经济情况等诸多因素相关。

1）咖啡厅的经营者一般要根据顾客群即消费群体的情况来确定选址与定位问题。咖啡厅消费人群以年龄（18～60岁）可分为三大群体：

第一类为学生群或刚参加工作的年轻人，是咖啡厅消费的主力人群，年龄在18～28岁，数量庞大，但经济承受力不强。

第二类为白领阶层或有小资情调的人群，是咖啡厅消费的中坚力量，年龄在28～38岁，品咖啡与生活、工作分不开，有经济实力，属社会的中产阶级，数量适中。

第三类为成功人士，年龄在38岁以上，资金充足，数量相对较少。对他们来说，品咖啡既是一种生活享受，又是社会地位的象征。

2）咖啡厅的选址与定位，还要考虑所在社区、商场、商业中心等因素。

以社区为例，首先要考虑该地区的人群消费水平如何，是大众化消费还是贵族消费；其次要考虑这部分人群的消费习惯，是休闲型的还是快速型的，如在电影院、公园、图书馆附近咖啡店客人的消费习惯与在酒店内、写字楼内咖啡厅客人的消费习惯是不同的。

3）考虑所选社区的交通情况。所选择的地点必须易于聚集人群，要考虑停车方便与否，如不能或不好停车，即使店前车水马龙，也只能是"假口岸"。

例如，星巴克等咖啡品质店通常选在人流量和车流量都很大的地方，这是以雄厚的资金和品牌的影响力为前提条件的。而在人群聚集的商圈，在露天咖啡店同样能享受到同咖啡品质店一样的咖啡，其消费价格也相对较低，消费人群庞大。

综上所述，经营者可以根据实际情况进行咖啡厅的初步选址，然后针对所在地的顾客群进行消费水平的定位和装修风格的确定。

二、咖啡厅的设计与装修

确定了咖啡厅的地点和消费档次，经营者还要明确所开咖啡厅的类型（是品质店还是大众店，是连锁店还是个性店），确定自己的饮品单；请专业的咖啡师和装修设计师共同进行吧台的设计。设计时首先应考虑整个吧台出售饮品的内容问题，是专卖咖啡，还是兼营茶品，或是咖啡、茶、酒三者都卖。出售饮品不同，吧台设计肯定也不同。另外，还要考虑整个吧台的美观、整洁、使用方便等因素。一般来说，机器设备与物品要分开，区分为冷、热两部分。冷区靠近门，热区在吧台的尾部。

编定主要设备购置计划，购置计划要同饮品单的设计与制作配套。咖啡品质店一般以出售单品咖啡为主，根据饮品准备相应的咖啡设备。如果想吸引更多的顾客，就应采购更多的设备，以满足顾客的需要。

确定主要设备购置计划后，请装修设计师和咖啡师在现场共同确定设备的摆放，所需的电源线、开关、插座必须是专用的，进水、排水设备也要专门铺设，特别是排水管道上应设置 1～2 个小型沉淀池，方便定期淘咖啡渣等，保证管道始终是畅通的。

职业院校可充分利用校园内的咖啡厅（或实验室）进行教学。各职业院校可根据自身特点设计咖啡厅，既可用于教学，又可为学生提供实习岗位，还可作为面向校内销售咖啡饮品的场所等。

三、咖啡厅的开业物质准备

在装修后期，应根据饮品单来确定开业所需的原材料数量和辅助设备，包括各种载杯的数量、种类。饮品不同，使用的载杯也有所不同。

根据饮品单和已采购的设备来确定饮品的规格、冲煮方法、所用载杯、原材料的用量等，有利于经营者进行成本控制，这也是咖啡师和服务人员的工作指南。以制作浓缩玛琪雅朵咖啡为例，开业的物质准备见表5-1。

表5-1　物质准备

饮品	调制用具			原料	
浓缩玛琪雅朵咖啡	半自动咖啡机	浓缩咖啡杯	长咖啡勺	咖啡豆 7 克	糖包 7 克
成本合计/元	制作时间	售价/元		毛利率/%	
x	15 秒	y		z	

职场拓展

合　作

从前，有两个饥饿的人得到了一位长者的恩赐：一根鱼竿和一篓鲜活硕大的鱼。其中一人要了一篓鱼，另一人要了鱼竿，之后他们就分道扬镳了。得到鱼的人在原地燃起篝火煮起了鱼，还没有品出鲜鱼的肉香，他就连鱼带汤吃了个精光。不久后他便饿死在空空的鱼篓旁。另一人提着鱼竿，继续忍饥挨饿，一步步艰难地向海边走去，当他看到不远处那片蔚蓝的海洋时，还没来得及兴奋就连最后一点力气都用尽了，带着无尽的遗憾撒手人间。

又有两个饥饿的人，他们同样得到了长者的恩赐：一根鱼竿和一篓鱼。只是他们并没有各奔东西，而是商定共同去找寻大海。他俩每次只煮一条鱼，相依为命，经过长途跋涉，终于来到了海边。两人开始了捕鱼为生的日子。几年后，他们盖起了房子，有了各自的家庭、子女，有了自己建造的渔船，过上了幸福安康的生活。

思考与讨论

1．这个故事带给你什么启示？

2．一堆沙子是松散的，可是它和水泥、石子、水混杂后，却比花岗岩还坚固。当今社会，面对众多的机会，在成功的路上要学会团队合作，同时还要另辟蹊径，不能墨守成规，做到"人无我有，人有我优，人优我转"。你将如何学习？

第二单元　咖啡馆（厅）的服务与管理

你知道吗？

1. 咖啡师的职责是什么？
2. 吧台管理制度有哪些？
3. 咖啡吧的工作流程是什么？
4. 咖啡吧的卫生要求有哪些？

一、咖啡服务

咖啡师是咖啡厅最重要的服务人员，饮品的质量与咖啡师的业务能力密切相关。

1．咖啡师的职责

1）精通各类咖啡制作工艺，负责为顾客调制高品质的咖啡。

2）负责咖啡文化的推广，传播咖啡知识，现场演示咖啡的制作。

3）熟悉各种品牌的咖啡机及辅助设备、设施的操作、维护和保养。

4）保持吧台内外清洁及用品器具整洁美观。

5）每日备齐吧台所需物品，杯具要做到干净明亮，无污迹。

6）保管好物品，未经同意，非工作人员不得进入吧台。

2．咖啡厅对客服务模式

咖啡厅的经营模式决定了咖啡厅的服务模式，为客人提供服务的方式有全程服务、半服务半自助和全自助三种模式。

1）全程服务模式是指从客人进店到结账的全过程均有服务人员陪同和操作，让客人享受悠闲、舒适的环境，给客人以宾至如归的感受。全程服务模式流程一般是：迎宾→客人进店→引座→上水→送饮品单→点咖啡→复述客人所点饮品→下单→交吧台→上咖啡→席间服务→结账→送客。

2）半服务半自助模式是指客人进店后，先到吧台点饮品，买单后由服务生把相应的材料送到座位上，由客人自做自饮。

3）全自助模式是指客人进店付账后，所有的工作均由客人自己去做。

3．咖啡厅对客服务规范

咖啡厅对客服务规范见表5-2。

表 5-2　咖啡厅对客服务规范

项目	语言规范	动作规范	服务注意事项
领位	① 欢迎光临 ×× 咖啡厅 ② ×× 先生 / 女士：您好！请问您几位 ③ 这边请，请坐 ④ 请稍等	① 向客人鞠躬，头微斜，用右手为客人引位 ② 躬身退出	① 能称呼客人的姓氏为佳 ② 精神抖擞，面带微笑，迎向客人，注视客人大三角区 ③ 语气亲切，语速舒缓，语调高
上水	请慢用	① 取柠檬水，拿酒水单，托盘上桌 ② 为客人斟柠檬水	① 按餐饮服务规范动作使用托盘和托送饮料 ② 斟水至八分满，并保证水不溅溢 ③ 手握杯底上桌 ④ 上半身微向前倾，退一步问、答（避免口水溅向客人）
点单	① 请问：几位是用餐还是品咖啡？ A．用餐（略） B．品咖啡（首先为客人介绍咖啡品种及特价、新品、特色咖啡） C．对咖啡不熟悉的客人：请问是喜欢品淡一点的咖啡还是浓一点的咖啡（淡 / 浓一点——您看 ×× 咖啡怎么样） ② 点单完毕，复单，说"请稍等"	递上酒水单	① 双手递单 ② 身体微向前倾，侧身问答（避免口水溅向客人） ③ 目光、手指同时指向菜单 ④ 熟悉咖啡特性，有熟练的点单技巧，能做客人的点单顾问
落单		按落单收银程序操作	填单正确、快速
咖啡师操作	如有客人询问，要耐心解答	动作规范，熟练迅速	按冲煮咖啡程序规范操作
离开	请趁热慢用	向客人鞠躬后离开	动作要轻
席间服务	根据客人的要求，使用规范用语	注意观察客人的反应、动作，做到"四勤"和细节服务	① 随时为客人添加柠檬水 ② 处理客人席间的其他需求 ③ 解决客人的疑问 ④ 为客人加奶加糖
结账服务	① 请问，您是付现金还是…… ② 请您稍候，我到收银台为您买单 这是您的账单，请过目 ③ 您消费了 ××× 元，我收您 ××× 元，请稍候 ④ 这是找补您的 ×× 元，请收好		① 了解客人以哪种方式结账 ② 请客人稍候，到收银台拿取账单 ③ 核对账单上的桌号、酒水、香烟等数量、金额与客人消费是否相符 ④ 请客人核对账单的金额，并向客人逐一说明
送客服务	① 请不要忘记带好您的随身物品 ② 谢谢您的光临，欢迎下次再来 ③ 希望下次来的时候再为您服务 ④ 您请走好 ⑤ 祝您一路平安	① 迅速到客人身后为客人拉椅并协助其穿好外套 ② 提示客人带好随身物品 ③ 微笑道别 ④ 将客人送至电梯口	① 拉椅的顺序一般为先女士 / 长辈，后其他客人 ② 提示客人携带随身物品时，一定要用眼将桌子周围、地面、台面上巡视一遍 ③ 送客时走在客人的前面，其余的员工要在确定客人已离开后才能进行结束工作
撤台		客人离开后即可撤台面	按撤台流程操作，做好下次接待用具的准备

二、咖啡服务管理制度

1. 吧台服务员规章

1）服从公司各项规章制度，不迟到，不早退，不旷工，自觉接受工作安排。

2）提前5分钟到岗，坚守岗位，不得擅自离岗。

3）仪容仪表规范，男不留长发、长指甲，每天修面；女不涂异色指甲油。

4）礼貌待客，主动问好，尊重他人；接听电话要用礼貌用语，仔细倾听，做好记录。

5）上班时间，不得酗酒、吸烟。将手机调为静音或振动模式，不得接听私人电话。

6）吧台内时刻保持清洁，及时清洗客人用过的杯具，做到无水渍、指纹，用品用具摆放整齐，及时归位，禁止存放私人物品。

7）节约成本，避免浪费，禁止偷吃、乱拿吧台物品。

8）吧台物品不外借；不动用客用物品；负责客人贵重物品寄存。

9）公司饮品不得随意更改配方及制作方法。出品做到卫生、迅速，若产品不合格、杯具不卫生，绝不允许上到客人桌面。

10）站立式服务，不得与闲杂人员聊天或喧哗，喝水或品尝东西要蹲下并避开顾客。

11）及时报修小故障，保证吧台内照明设备及物品的正常使用。

12）吧台人员不与收银员有任何财物的交接。

13）营业结束，做好盘点，确保报表准确，账物相符，锁好备品柜，关闭相关电器设备，做好卫生清洁工作方能离开。

14）遵守公司规章制度，不对外泄露公司商业机密。

2. 吧台设备管理制度

1）吧台所有设备、设施、用具按规范标准操作。

2）遵守吧台设备的保养、维护措施，进行定期检查、维修。吧台工作人员禁止私自拆装设备。

3）吧台内共用器具，使用后放回规定的位置，不得擅自改变位置。

4）吧台内特殊工具，要有专人保管，借用时做记录，归还时要检查。

5）吧台用器具、设备以旧换新，必须办理相关手续。

6）吧台一切用具、杯具等不准私自带出，使用时轻拿轻放，避免人为损坏。

7）吧台内用具，使用人有责任对其进行保养、维护，不按操作规程和规定操作造成设备工具损坏、丢失的，照价赔偿。

8）每月末填写吧台器具设备盘点表，交总吧台长审核后上交财务部门。

3. 吧台考勤制度

1）吧台工作人员上、下班时，必须打卡或由专人负责考勤。

2）穿好工装，上班时接受当天工作安排后，方可进入吧台工作。

3）根据吧台工作需要，确定加班人员。其余人员下班后应立即离开。

4）上班时应坚守工作岗位，不脱岗，不串岗，不聊天，不哼唱歌曲、小调，不做与工作无关的事。

5）员工因病请假应向吧台长书面请假，办理请假手续。假期结束后出示医院开出的有效证明销假。

6）需请事假的，提前一日办理书面请假手续，经吧台长批准后方有效。

7）根据工作需要，需延长工作时间的，经领导（吧台长或店长）同意，可按加班或计时销假处理。

8）婚假、产假、丧假按相关法律和公司员工手册的规定办理。

4．吧台轮班制度

（1）早班：9:30 ～ 18:00（半小时用餐时间）

1）整理仪容仪表。

2）打开所有机器设备，检查运作是否正常，如有异常要及时报修。

3）查看交接本，完善交接事宜。

4）清洁内部卫生，做好开店前准备工作。

5）查看报表，核对吧台存货量，发现问题及时上报。

6）准备当日所需物品，保证当日所需物品、物料齐全与充足。制作半成品，完善吧台准备工作。

7）微笑服务，严格执行出品标准，做到快速、卫生。

8）利用空闲时间清洁吧台杯具，巡台、收台。

9）与晚班交接，做下班前的清洁工作。

（2）中班：13:30 ～ 22:00（半小时用餐时间）

1）整理仪容仪表，微笑服务。

2）配合早晚班的出品，以及做好卫生工作。

（3）晚班：16:30 ～第二日 1:00 收市（半小时用餐时间）

1）整理仪容仪表。

2）与早班交接工作，并检查当日所需物品是否充足，器具是否正常。

3）检查早班的清洁工作是否完善，并督促配合完成。

4）准备晚班所需酒水，检查吧台库存，及时补货。

5）微笑服务，严格执行出品标准，做到快速、卫生。

6）利用空闲时间清洁吧台杯具，巡台、收台。

7）配合外场，提高出品效率。

8）如实填写每日销售表，做好记录工作。

9）填写申购单和交接本。

10）收市后清理杯具、台面、咖啡机，以及地面卫生，将桌椅摆放整齐。

11）离岗前，检查水电设备是否按照要求关闭。

5. 吧台卫生标准制度

吧台卫生管理包括个人卫生管理、物品及设备卫生管理和食品卫生管理 3 个方面。

1）吧台人员的制服要勤洗，保持清洁，无污渍，无褶皱。

2）站在吧台内，绝不允许出现掏耳朵、挖鼻孔等不雅动作，上完洗手间一定要洗手。

3）对吧台器具要合理规划摆放位置，对水果等物料要以合理的方式保存，最大限度地降低损耗。

4）吧台操作台面要时刻保持干净（尤其是垃圾桶周围），所有员工做到抹布不离手，随手做好清洁。

5）吧台的玻璃台面要始终保持清洁，无水渍，无任何污渍和果汁等产品的印迹，及时清理不用的杯具。

6）吧台内包括杯具吊架，所有的玻璃器皿要无水渍，无指纹，干净透亮。所有不锈钢设备的表面都要保持干净，无污渍，无杂物。

7）摆放杯子的地方要每周进行一次清洁，杯子每天都要不定时地进行擦拭，水杯下面必须垫上白色口布。所有的清洁用具都要定期进行更换。

8）地面不能有积水，保持干净，尤其是卫生死角地带（机器、水槽下面，吧台的小库房及操作间）每周都要进行清洁。

9）确保出品的卫生质量，确保与餐牌照片的制作方式和外形保持一致。

10）制作完产品之后，所有的器具都要及时清洗，如果汁机、刨冰机等，做好机器的保养工作。

11）对产品的生产日期和保质期，吧台人员必须做到心中有数，定期进行检查，最大限度降低物料的损耗和报废。

12）物料的存放要整齐有序，保证存放环境的干燥和洁净，瓶身或桶身要保持干净。

13）制作产品时，操作一定要卫生、规范，避免用嘴咬牛奶袋、用手抓瓜子和冰块等现象。

14）做好水池和出品台卫生工作，每天消毒 1～2 种杯具，做到每周对所有杯具彻底消毒。

15）做好餐具、杯具等器皿的消毒。其措施包括以下几个方面：①所有的餐用具等洗刷后必须进行消毒；②严格执行"一洗、二刷、三冲、四消毒、五保洁"的消毒程序；③使用消毒液进行消毒时，按 1∶200 的比例进行。

☕️ **职场拓展**

让敬业成为一种习惯

海尔总裁张瑞敏先生在比较中国人和日本人的认真精神时曾说：如果让一个日本人每天擦桌子 6 次，日本人会不折不扣地执行，每天都会坚持擦 6 次；可是如果让一个中国人去做，那么他在第一天可能擦 6 次，第二天可能擦 6 次，但到了第三天，可能就会擦 5 次、4 次、3 次，到后来就会不了了之。

思考与讨论

1. 如果让你每天擦 6 次桌子，你会怎么做？

2. 这个故事带给你什么启示？

练 习 题

一、判断题

1. 咖啡厅要求员工仪容仪表整洁大方，体现职业形象的素养。　　　　（　　）

2. 对咖啡师仪容仪表的要求是可以佩戴首饰。　　　　（　　）

3. 咖啡厅的服务人员在服务过程中要尽量避免在人群中穿行。　　　　（　　）

4. 看见客人迎面而来，服务员应主动微笑问候或示意。　　　　（　　）

5. 咖啡厅的盘点工作对咖啡厅的经营来说非常重要，其目的是控制合理的原材料库存。　　　　（　　）

二、填空题

1. 咖啡厅营业结束后要做好 _____，确保报表准确，账物相符。

2. 吧台卫生管理主要包括 _____ 卫生管理、物品及设备卫生管理和 _____ 卫生管理 3 个方面。

三、思考题

1. 走访当地几家咖啡厅，分析比较它们在选址、室内装修、环境布置等方面的异同。

2. 咖啡服务的常用语有哪些？

附录一　咖啡师等级考试题

试题1：使用虹吸壶制作三杯咖啡（代码：A-B-001）

鉴定内容：实操——用虹吸壶制作咖啡（初级）

（一）准备要求

1．考场准备

1）试题名称：使用虹吸壶（酒精或燃气加热）制作三杯咖啡。

2）本题分值：35分。

3）考核时间：15分钟。

4）考核形式：实操。

5）设备设施准备：

序号	名称	单位	数量	备注
1	操作台	张	1	配清理槽、消毒槽、清洁槽，每名考生1台；如安排两位考生错时操作，考场应增加相应设备
2	虹吸壶（酒精或燃气加热）	台	1	至少为3人份虹吸壶，并配备相应加热设施，每名考生1台；如安排两位考生错时操作，考场应增加相应咖啡设备
3	咖啡研磨机	台	2	
4	咖啡杯	套	3	每名考生不少于3套
5	咖啡匙	只	3	每名考生不少于3只
6	糖包	包	若干	每名考生不少于3份
7	咖啡豆	袋	1	每袋最小包装不少于100克
8	搅棒	个	1	虹吸壶专用搅棒，一般为竹制
9	量杯	个	1	
10	咖啡渣槽	个	1	
11	抹布	块	若干	
12	托盘	个	1	

2．考生准备

1）考题名称：使用虹吸壶（酒精或燃气加热）制作三杯咖啡。

2）本题分值：35 分。

3）考核时间：15 分钟。

4）考核形式：实操。

5）工具及其他准备：无。

（二）考核要求

1）本题分值：35 分钟。

2）考核时间：15 分钟。

3）考核形式：实操。

4）具体考核要求：

① 使用虹吸壶（酒精或燃气加热）制作三杯咖啡。

② 向考评员展示仪容仪表。

③ 向考评员介绍所要实际操作的咖啡。

④ 向考评员示意准备完毕，开始操作，并描述完整制作环节。

⑤ 将制作完成的咖啡送至考评员面前，并完成服务过程。

⑥ 使用礼貌用语同考评员交流。

5）否定项说明：若考生发生下列情况之一，则应及时终止其考试，考生该试题成绩记为零分。

① 制作咖啡所选用的设备或器具与考题要求不符。

② 没有制作咖啡或所制作的咖啡与考题要求制作内容不符。

（三）分值与评分参考标准

序号	考核内容	考核要点	评分标准	分值	得分
1	服务沟通能力	① 介绍实际操作的咖啡，包括咖啡名称、特点和饮用方法（3分）； ② 向考评员示意准备完毕，开始操作（1分）； ③ 描述完整的制作环节（3分）； ④ 咖啡服务（2分，待完整服务结束后评分）； ⑤ 合理使用礼貌用语同考评员交流（1分）	不符合以上考核要点的按相应分值扣分	10分	
2	正确使用虹吸壶制作咖啡	① 咖啡制作前所需主、辅料的准备和杯具的选择（2分）； ② 选择适量咖啡豆（5分）； ③ 选择合适的研磨程度（5分）； ④ 正确使用虹吸壶： a. 将适量的水倒入下瓶（壶）（1分）； b. 下瓶（壶）外壁无水渍（1分）； c. 正确点火（1分）； d. 将滤网固定在上瓶（壶）（1分）； e. 将适量咖啡粉放入上瓶（壶）（1分）； f. 适时将上瓶（壶）插入下瓶（壶）（1分）； g. 适当搅拌（1分）； h. 熄火、适时移开下瓶（壶）（1分）	不符合以上考核要点的按相应分值扣分，在制作步骤中不符合食品卫生方面要求和相关规定导致咖啡不能饮用的扣10分，扣完为止	20分	

序号	考核内容	考核要点	评分标准	分值	得分
3	工作区域相关设备器具的清洁	工作区卫生整洁（2分）； 对设备有必要的清洁保养（3分）	不符合以上考核要点的按相应分值扣分	5分	
4	操作时间	每超过30秒扣1分，超时5分钟停止操作			
备注			合计	35分	
			考评员签字		

试题2：用压力式咖啡机制作三杯意式浓缩咖啡 （代码：A-A-001）

鉴定内容：实操——用压力式咖啡机制作咖啡（中级）

（一）准备要求

1. 考场准备

1）试题名称：用压力式咖啡机制作三杯意式浓缩咖啡。

2）本题分值：65分。

3）考核时间：15分钟。

4）考核形式：实操。

5）设备设施准备：

序号	名称	单位	数量	备注
1	操作台	张	1	配清理槽、消毒槽、清洁槽，每名考生1台；如安排两位考生错时操作，考场应增加相应设备
2	压力式咖啡机（商用半自动）	台	1	每名考生1台；如安排两位考生错时操作，考场应增加相应咖啡设备
3	咖啡研磨机	台	1	
4	咖啡杯	套	3	每名考生不少于3套
5	咖啡匙	只	3	每名考生不少于3只
6	糖包	包	若干	每名考生不少于3份
7	咖啡豆	袋	1	每袋最小包装不少于100克
8	咖啡渣槽	个	1	
9	压粉器	只	1	
10	抹布	块	若干	
11	托盘	个	1	

2. 考生准备

1）考题名称：用压力式咖啡机制作三份意式浓缩咖啡。

2）本题分值：65分。

3）考核时间：15分钟。

4）考核形式：实操。

5）工具及其他准备：无。

（二）考核要求

1）本题分值：65分。

2）考核时间：15分钟。

3）考核形式：实操。

4）具体考核要求：

① 用压力式咖啡机制作三杯意式浓缩咖啡。

② 自我介绍，向考评员展示仪容仪表。

③ 向考评员介绍所要实际操作的咖啡。

④ 向考评员示意准备完毕，开始操作，并描述完整制作环节。

⑤ 将制作完成的咖啡送至考评员面前，并完成服务过程。

⑥ 使用礼貌用语同考评员交流。

5）否定项说明：若考生发生下列情况之一，则应及时终止其考试，考生该试题成绩记为零分。

① 制作咖啡所选用的设备或器具与考题要求不符。

② 没有制作咖啡或所制作的咖啡与考题要求制作内容不符。

（三）分值与评分参考标准

序号	考核内容	考核要点	评分标准	分值	得分
1	仪容仪表	① 头发干净、整齐，发型美观大方（1分）； ② 女士化淡妆，男士不留胡须及长鬓角，使用无味的化妆品（1分）； ③ 手及指甲保持干净，指甲修剪整齐、不涂有色指甲油（1分）； ④ 着装符合岗位要求，整齐干净（1分）； ⑤ 不佩戴过于醒目的饰物（1分）	不符合以上考核要点的按相应分值扣分	5分	
2	服务沟通能力	① 自我介绍（1分）； ② 介绍所要实际操作的咖啡，包括咖啡名称、特点和饮用方法（3分）； ③ 向考评员示意准备完毕，开始操作（1分）； ④ 描述完整制作环节（2分）； ⑤ 咖啡服务（2分，待完整服务结束后评分）； ⑥ 合理使用礼貌用语同考评员交流（1分）	不符合以上考核要点的按相应分值扣分	10分	

续表

序号	考核内容	考核要点	评分标准	分值	得分
3	正确使用压力式咖啡机制作意式浓缩咖啡	① 咖啡制作前所需主、辅料的准备（2分）。 ② 选择合适的杯具并温杯（2分）。 ③ 正确使用压力式咖啡机： a. 冲洗冲泡手柄并擦拭（1分）； b. 装粉并填压，擦拭手柄上残粉（2分）； c. 放水（2分）； d. 立刻打开冲泡开关（1分）； e. 20～30秒内完成冲泡过程（8分）； f. 正确使用抹布（2分）。 ④ 合格（1～1.5毫升）的咖啡萃取量（10分）。 ⑤ 合格的颜色和厚度（10分）	不符合以上考核要点的按相应分值扣分，在制作步骤中不符合食品卫生方面要求和相关规定导致咖啡不能饮用的扣10分，扣完为止	40分	
4	工作区域相关设备器具的清洁	工作区卫生整洁（2分）。 对设备有必要的清洁保养： ① 清理操作区剩粉（4分）； ② 清理水槽残渣（2分）； ③ 温杯托盘的整洁度（2分）	不符合以上考核要点的按相应分值扣分	10分	
5	操作时间	每超过30秒扣1分，超时5分钟停止操作			
备注			合计	65分	
			考评员签字		

鉴定内容：理论知识——咖啡师职业技能鉴定理论知识（中级）试卷

注意事项

1. 考试时间：90分钟。

2. 请首先按要求在试卷的密封线处正确填写您的准考证号、姓名和报名单位。

3. 请仔细阅读各种题目的回答要求，在规定的位置填写您的答案。

4. 不要在试卷上乱写乱画，不要在标封区填写无关的内容。

题号	一	二	总分
得分			
评分人			

一、单选题（第1～80题。选择一个正确的答案，将相应的字母填涂在答题卡上。每题1分，满分80分）

　　1. 下列选项中，日本人通常喜欢用（　　）制作咖啡。

　　　　A. 虹吸壶　　　　B. 法式滤压壶　　　C. 平衡式虹吸壶　　D. 土耳其壶

2. 法国咖啡文化绝非吃喝消遣似的简单，而是更加注重（　　）。

    A. 口感和口味　　　　　　　　　B. 环境和情调

    C. 风味独特　　　　　　　　　　D. 风味和口味

3. 与土耳其壶相比，使用摩卡壶制作咖啡时，对咖啡粉颗粒度的要求通常（　　）。

    A. 较细　　　　　B. 一样　　　　　C. 较粗　　　　　D. 不影响

4.（　　）咖啡焙制设备是一种传统的咖啡焙制设备，旋转炉壁通过直接的接触加热源使咖啡逐渐加热，一般焙制时间需要 10～15 分钟。

    A. 流体床式　　　B. 对流式加热　　C. 传导式加热　　D. 半热风式

5. 烘焙后咖啡豆通常不会采用（　　）方式进行冷却。

    A. 气冷　　　　　B. 水冷　　　　　C. 自然冷却　　　D. 风冷

6. 下列选项中，不属于常见巴西咖啡豆特点的是（　　）。

    A. 中苦内敛　　　B. 甜度显出　　　C. 口味中性　　　D. 浓香味酸

7. 使用干法和湿法加工后，咖啡生豆外观会呈现不同特点，以下描述错误的是（　　）。

    A. 咖啡豆湿法加工后，银线比较明显

    B. 咖啡豆湿法加工后，表面较光亮

    C. 干法加工后的咖啡豆，表面较光亮

    D. 干法加工后的咖啡豆，表面比较粗糙

8. 罗布斯塔种咖啡豆味道偏苦、酸味不足、香味较差，多数用来（　　）。

    A. 鉴赏　　　　　　　　　　　　B. 制成速溶咖啡

    C. 收藏　　　　　　　　　　　　D. 检测

9. 下列对阿拉比卡种咖啡豆的特点描述不正确的是（　　）。

    A. 咖啡因含量低　　　　　　　　B. 品质较高

    C. 抗病能力弱　　　　　　　　　D. 海拔都在 2000 米以上

10. 不同种类的咖啡豆有不同的鉴别方法，一般用杯品的方法来鉴定的是（　　）。

    A. 拼配咖啡豆　　　　　　　　　B. 单一品种咖啡豆

    C. 混合咖啡豆　　　　　　　　　D. 综合咖啡豆

11. 哥伦比亚咖啡豆具有（　　）。

    A. 草木香　　　　B. 花香　　　　　C. 青草香　　　　D. 泥土香

12. 阿拉比卡种咖啡树的果实产量高峰期一般在（　　）。

    A. 3～10 年　　　B. 5～8 年　　　C. 5～10 年　　　D. 10～25 年

13. 劳动者在试用期内提前（　　）通知用人单位，可以解除劳动合同。

    A. 3 天　　　　　B. 1 周　　　　　C. 1 个月　　　　D. 1 天

14. 咖啡中含有的甜味来自（　　）。

    A. 单宁酸　　　　B. 金属元素　　　C. 焦糖　　　　　D. 纤维

15. 下列选项中，不适宜咖啡生豆存放的方法是（　　）。

    A. 麻袋存放　　　　　　　　　　B. 密封良好的锡箔袋存放

    C. 木桶存放　　　　　　　　　　D. 编织袋存放

16. 消费者在展销会、租赁柜台购买商品或者接受服务，其合法权益受到损害的，消费者要求赔偿，以下说法不正确的是（　　）。

    A. 展销会的举办者、柜台的出租者赔偿后，还有权向销售者或者服务者追偿

    B. 消费者可以向销售者或者服务者要求赔偿，但不可向展会举办者要求赔偿

    C. 展销会的举办者不承担赔偿责任，但有义务协助消费者向柜台的出租者等相关责任人要求赔偿

    D. 消费者在展销会结束或者柜台租赁期满后不得向展销会的举办者、柜台的出租者要求赔偿

17. 牛奶制作完奶沫之后最合适的温度为（　　）。

    A. 40℃左右　　　B. 50℃左右　　　C. 67℃左右　　　D. 85℃左右

18. 使用半自动压力式咖啡机制作双份意式浓缩咖啡，咖啡粉量和咖啡成品分别为（　　）。

    A. 14克，约45毫升　　　　　　　B. 7克，约90毫升

    C. 14克，约90毫升　　　　　　　D. 7克，约45毫升

19. 下列选项中，属于利用蒸汽打发奶泡的工具是（　　）。

    A. 搅拌器　　　　　　　　　　　B. 打奶器

    C. 半自动压力式咖啡机　　　　　D. 电动奶缸

20. 在制作意式浓缩咖啡的过程中，克立玛偏硬、呈膏状或果冻状的原因是（　　）。

    A. 粉颗粒度过细　　　　　　　　B. 罗布斯塔种咖啡豆过多

    C. 阿拉比卡种咖啡豆过多　　　　D. 粉颗粒度过粗

21. 下列壶具中，运用空气受热膨胀产生压力的是（　　）。

    A. 压渗壶　　　B. 越南滴滤壶　　　C. 冰滴壶　　　D. 摩卡壶

22. 使用半自动压力式咖啡机制作一份意式浓缩咖啡，如在20～30秒内冲泡出约75毫升咖啡，下列选项中与此无关的因素是（　　）。

    A. 咖啡粉粗细度　　　　　　　　B. 咖啡粉量

    C. 粉锤压粉力度　　　　　　　　D. 蒸汽压力

23. 使用半自动式咖啡机制作奶沫，下列描述正确的是（　　）。

    A. 加热的温度越高奶沫越粗

    B. 蒸汽喷头喷出蒸汽要使牛奶向同一方向旋转

    C. 蒸汽喷头喷出蒸汽要使牛奶不规则翻滚

    D. 加热温度越高奶沫越细

24. 用虹吸壶制作咖啡时，搅拌的目的是（　　）。

    A. 让水和咖啡粉充分混合　　　　　B. 粉不触碰滤网

    C. 好清洗　　　　　　　　　　　　D. 节省咖啡粉

25. 食品加工人员的健康证有效期为（　　）。

    A. 半年　　　　　B. 1年　　　　　C. 2年　　　　　D. 5年

26. 关于泡沫灭火器，下列说法错误的是（　　）。

    A. 能扑救电器火灾

    B. 泡沫能覆盖在燃烧物的表面，防止空气进入

    C. 最适宜扑救液体火灾

    D. 不能扑救水溶性可燃、易燃液体的火灾

27. 关于咖啡树种植地区的气候，下列说法错误的是（　　）。

    A. 罗布斯塔种咖啡豆在环境湿度较大的地区生长，产量不受影响

    B. 罗布斯塔种咖啡豆在环境温度较高的地区生长，产量不受影响

    C. 阿拉比卡种咖啡豆在环境湿度较大的地区生长，产量不受影响

    D. 阿拉比卡种咖啡豆不适宜在环境湿度较高的地区生长，产量会降低

28. 关于干法加工，下列操作影响最小的是（　　）。

    A. 在土地上直接晾晒　　　　　　　B. 在水泥地上直接晾晒

    C. 在架空的竹席上晾晒　　　　　　D. 在竹席上直接晾晒

29. 职业纪律以劳动者职业行为为调整对象，对劳动者产生（　　）。

    A. 领导力　　　　B. 约束力　　　　C. 强制力　　　　D. 压力

30. 职业纪律是保证劳动者（　　）、完成自己承担的工作任务的行为规则。

    A. 服从领导　　　B. 积极工作　　　C. 提高服务水平　　D. 履行职责

31. 下列属于制作拿铁咖啡原料的是（　　）。

    A. 牛奶，巧克力酱　　　　　　　　B. 意式浓缩咖啡，枫糖浆

    C. 意式浓缩咖啡，巧克力酱　　　　D. 意式浓缩咖啡，牛奶

32. 传统卡布奇诺咖啡中咖啡、牛奶、奶沫的比例是（　　）。

    A. 1∶2∶2　　　　　　　　　　　　B. 1∶2∶1

    C. 1∶1∶2　　　　　　　　　　　　D. 1∶1∶1

33. 由咖啡、牛奶、奶沫和冰块组成的咖啡，应称为（　　）。

    A. 冰摩卡咖啡　　　　　　　　　　B. 冰拿铁咖啡

    C. 冰美式咖啡　　　　　　　　　　D. 冰维也纳咖啡

34. 摩卡咖啡的组成成分是（　　）。

    A. 意式浓缩咖啡、巧克力酱、奶沫

    B. 意式浓缩咖啡、牛奶、奶油

C. 意式浓缩咖啡、牛奶、巧克力酱、奶沫

D. 意式浓缩咖啡、牛奶、糖水

35. 由咖啡和奶油组成的咖啡是（　　　）。

A. 摩卡咖啡 B. 玛琪雅朵咖啡

C. 康宝蓝咖啡 D. 拿铁咖啡

36. 云南小粒种咖啡豆的筛选分级方法主要是（　　　）。

A. 按颗粒大小分级 B. 按瑕疵豆比例分级

C. 按硬度分级 D. 按重量分级

37. 要形成责任意识，首先要（　　　）。

A. 有工作意识 B. 加大工作强度

C. 提高工作效率 D. 具有强烈的工作责任感

38. 对咖啡师仪容仪表的要求错误的是（　　　）。

A. 佩戴首饰 B. 不适合用气味较浓的化妆品

C. 不留长指甲 D. 不涂有色指甲油

39. 食品卫生许可证检查是由（　　　）进行的检查。

A. 工商局 B. 医院 C. 卫生行政部门 D. 税务局

40. 在对饮品进行销售时，不要销售（　　　）。

A. 品质好的饮品 B. 原料快过期的饮品

C. 销售量好的饮品 D. 适合客人用的饮品

41. 制作（　　　），可以了解店内各方面的不足。

A. 员工调查表 B. 价格调查表

C. 客服满意度调查表 D. 产品调查表

42. 关于对客销售，下列做法正确的是（　　　）。

A. 推荐贵的产品 B. 推销便宜的产品

C. 夸大产品的优点 D. 推荐适合客人的产品

43. 对待客人的投诉，下列做法错误的是（　　　）。

A. 承认顾客投诉的事实 B. 表示同情和歉意

C. 交由经理处理 D. 对客人的批评指教要充满感激之情

44. 营业结束后，盘点原材料消耗的目的是（　　　）。

A. 提高销售量 B. 调整营业方向

C. 改善服务质量 D. 计算原材料的使用和成本

45. 营业记录能够反映出咖啡店的（　　　）。

A. 销售量 B. 销售品种 C. 销售额 D. 销售人员数量

46. 营业记录需（　　　）记录。

A. 每日 B. 每周 C. 每月 D. 每年

47．（ ）是营业结束后盘点工作的主要内容。

    A．盘点杯具、餐具的使用量   B．盘点当日原材料的消耗

    C．盘点客人的流量   D．盘点客人所点的咖啡种类及数量

48．下列选项中，（ ）可以不填写在工作日志中。

    A．财务状况   B．设备运转状况

    C．客户反馈意见   D．事件的记录和处理

49．一般自动定量电子磨的定量装置是通过（ ）来控制研磨量的。

    A．重量感应装置   B．研磨时间控制装置

    C．体积感应装置   D．研磨速度控制装置

50．在相同条件下，使用压力式咖啡机制作咖啡时，用研磨过粗的咖啡粉制作出的咖啡不会出现（ ）的情况。

    A．克立玛呈淡黄色，有气泡

    B．克立玛颜色较浅，有白斑

    C．克立玛颜色较深，有黑色斑纹

    D．没有克立玛

51．使用过滤式咖啡机制作咖啡时，粗粉和细粉混用，咖啡的口味会（ ）。

    A．变浓   B．变苦   C．变淡   D．不受影响

52．调节咖啡研磨机分量器的目的是调节（ ）。

    A．粉的粗细度   B．粉的温度   C．出粉量   D．出粉速度

53．空气开关又称（ ）。

    A．镇流器   B．变压器   C．断路器   D．稳压器

54．威尼斯垄断欧洲进口咖啡市场差不多有一百年，后来咖啡传播到了（ ）等港口。

    A．马赛、伦敦和阿姆斯特丹   B．马赛、罗马和阿姆斯特丹

    C．米兰、伦敦和阿姆斯特丹   D．马赛、伦敦和维也纳

55．在14世纪末，人们在（ ）种植咖啡，在修成梯田的土地上种植，因为这样便于用井水灌溉。

    A．埃塞俄比亚   B．沙特阿拉伯   C．也门   D．坦桑尼亚

56．关于烘焙后包装良好的咖啡豆的保存时间，目前我国通行的做法为（ ）。

    A．5～7个月   B．6～9个月   C．12个月左右   D．18个月左右

57．通常包装良好的咖啡豆保质期为（ ）。

    A．5年   B．3年   C．2年   D．1年半

58．"That is fine."的意思是（ ）。

    A．挺好的   B．我很好   C．我很高兴   D．再见

59．"Good evening."的意思是（ ）。

    A．早上好   B．中午好   C．下午好   D．晚上好

60. 遇到难缠的顾客时，正确的做法是（　　　）。

　　A．据理力争　　　　B．直接报警　　　　C．与顾客对峙　　　D．避免直接冲突

61. "See you next time."的意思是（　　　）。

　　A．你好吗　　　　　　　　　　　　B．希望下次见到您

　　C．下次见　　　　　　　　　　　　D．很高兴再次见到您

62. 咖啡师在向客人推荐饮品时应该（　　　）。

　　A．大声告诉客人　　　　　　　　　B．在客人耳边小声地说

　　C．保持站姿，面带微笑，声音清晰　D．用手指给客人看

63. 客人询问方向时，应（　　　）。

　　A．用一个手指指示方向　　　　　　B．用食指指向正确的方向

　　C．四指并拢，拇指分开指示方向　　D．用头指示方向

64. 意识形成过程也就是（　　　）起源的过程。

　　A．人类　　　　　B．劳动　　　　　C．社会　　　　　D．道德

65. 咖啡粉的研磨粗细度不均匀，可能是由于（　　　）造成的。

　　A．研磨机刻度磨损　　　　　　　　B．研磨机豆仓未清洁

　　C．研磨机磨片磨损　　　　　　　　D．咖啡豆不好

66. 下列选项中，（　　　）会缩短制冰机的使用寿命。

　　A．常开使用　　　　　　　　　　　B．日营业结束后关机

　　C．工作中持续供水　　　　　　　　D．制冰机一年清洗一次

67. 关于咖啡研磨机的保养，下列说法错误的是（　　　）。

　　A．清空豆仓

　　B．如豆仓内有无法取出的残豆则应盖上豆仓盖，留待下次营业使用

　　C．清空豆仓

　　D．清掉磨片上面的豆和粉

68. 如果水洗过的餐具不擦干就放入消毒柜，会（　　　）。

　　A．引起消毒柜故障　　　　　　　　B．损耗电能

　　C．影响消毒效果　　　　　　　　　D．造成餐具损坏

69. 半自动咖啡机反冲洗的流程为（　　　）。

　　① 将换装好盲碗的冲泡手柄在冲泡头上扣好

　　② 进行反冲洗

　　③ 刷洗冲泡头

　　④ 冲泡头适当放水

　　A．②③①④　　　　B．③④①②　　　　C．④③①②　　　　D．①④②③

70. （　　　）是构成仪表的核心要素。

　　A．风度　　　　　B．容貌　　　　　C．着装　　　　　D．形体

71. 下列省份中，没有商业咖啡种植的是（　　　）。

    A．云南　　　　　　B．海南　　　　　　C．湖南　　　　　　D．台湾

72. 过量饮用咖啡后会心跳加速，是咖啡里的（　　　）造成的。

    A．单宁酸　　　　　B．碳水化合物　　　C．咖啡因　　　　　D．淀粉

73. 目前医学界尚未证实，适量饮用咖啡有助于预防（　　　）。

    A．结肠癌　　　　　B．膀胱癌　　　　　C．直肠癌　　　　　D．鼻咽癌

74. 安装半自动咖啡机时，水处理系统的（　　　）部分应安装在最前端。

    A．软水器　　　　　B．滤网　　　　　　C．净水器　　　　　D．热水器

75. 为延长咖啡机使用寿命，保证出品质量，建议选用（　　　）制作咖啡。

    A．矿泉水　　　　　B．纯净水　　　　　C．蒸馏水　　　　　D．自来水

76. 咖啡厅常用的水处理系统中，主要起吸附异味作用的是（　　　）。

    A．过滤棉滤芯　　　B．活性炭滤芯　　　C．树脂滤芯　　　　D．麦饭石滤芯

77. 关于树脂滤芯的维护，下列说法正确的是（　　　）。

    A．使用粗盐清洗　　　　　　　　　　B．在消毒柜中消毒

    C．在消毒液中浸泡　　　　　　　　　D．置于微波炉中加热 3 分钟

78. 在水质比较软的地区，咖啡厅常用的水处理系统中，可以只安装（　　　）滤芯。

    A．树脂、活性炭　　　　　　　　　　B．树脂、过滤棉

    C．活性炭、过滤棉　　　　　　　　　D．麦饭石、活性炭

79. Tip 的中文名称是（　　　）。

    A．咖啡师　　　　　B．搅棒　　　　　　C．小费　　　　　　D．蛋糕师

80. 跟客人说话时，切忌（　　　）。

    A．不影响到客人　　　　　　　　　　B．声音柔和

    C．大喊大叫　　　　　　　　　　　　D．保证让客人听到的音量

二、判断题（第 1～20 题。将结果涂在答题卡上，正确的涂"A"，错误的涂"B"。每题 1 分，满分 20 分）

1. 咖啡豆磨成粉后，越快饮用越好。　　　　　　　　　　　　　　　　（　　　）

2. 中国云南种植的咖啡豆是阿拉比卡种咖啡豆。　　　　　　　　　　（　　　）

3. 咖啡生豆的储存方法直接影响咖啡豆的品质。　　　　　　　　　　（　　　）

4. 使用土耳其咖啡壶制作的咖啡，通常是直接饮用。　　　　　　　　（　　　）

5. 使用虹吸壶制作完咖啡后要确保上壶和下壶完全密封。　　　　　　（　　　）

6. 咖啡生豆在加工过程中在发酵池的浸泡时间长短会影响咖啡品质。　（　　　）

7. 遵守职业纪律可以促使劳动者安全规范地行使自己的权利，提高劳动效率。

    （　　　）

8. 制作皇家咖啡时，为了保证其特有的口感，必须使用压力式咖啡机。　（　　　）

9．相对于机械采摘而言，人工采摘咖啡豆难度较大。　　　　　　　（　　）

10．产品的性能设计是决定产品市场竞争力的重要因素之一。　　　（　　）

11．每日营业结束后填写工作日志，是为了调整经营方向。　　　　（　　）

12．调节咖啡研磨机研磨颗粒度时不能完全以研磨机显示刻度为依据。　（　　）

13．公元 17 世纪初期，第一批咖啡到达欧洲大陆，可可、茶和烟草也同时传入欧洲。

（　　）

14．"Let me repeat your order" 的意思是 "让我来复述一下您所点菜品（或酒水）"。

（　　）

15．电话交谈时，确认谈话内容结束后方可挂断电话。　　　　　　（　　）

16．咖啡厅净水器每周需进行一次更换。　　　　　　　　　　　　（　　）

17．适量饮用咖啡可以缓解自行车运动带来的腿部肌肉疼痛。　　　（　　）

18．安装软水器可以延长咖啡机的使用寿命。　　　　　　　　　　（　　）

19．"Brown sugar" 的中文意思是 "黄糖"。　　　　　　　　　　　（　　）

20．仪表是指一个人举止风度的外在体现。　　　　　　　　　　　（　　）

附录二 学校咖啡实训室设备配置参考

按一个班 40 人为教学单位配备。

1. 吧台用设备

设备名称	数量	设备名称	数量	设备名称	数量
立式四门冷冻冰箱	1 台	美式咖啡机	1 台	冰沙机	1 台
冰激凌机	1 台	搅拌机	1 台	比利时咖啡机	金、银各 1 台
意式磨豆机	1 台	开放式水槽	1 个	冰滴壶、虹吸壶、摩卡壶、土耳其壶、手冲壶、法式滤压壶	各 1 台
意式咖啡机	1 台	烤饼机	1 台	奶油枪	1 把
1 800 毫米×600 毫米工作台（冷藏冰箱）	1 张	微波炉	1 台	密封罐	10 个
40 千克制冰机	1 台	单孔开水器	1 台		
拖拉式冰柜	1 台	电动磨豆机	1 台		

2. 学生用设备

（1）设备

设备名称	数量	设备名称	数量
双头半自动咖啡机	4 台	开水器	1 台
电动磨豆机	10 台	虹吸壶、摩卡壶、手冲壶、法式滤压壶	各 10 台
电磁炉	10 台	手动磨豆机	10 台
1.8 米双人工作台（带电源、水槽）	10 张	奶油枪	10 把

（2）器具和耗材

盎司杯两种规格 10 个；雪克壶 10 个；手冲细口壶 10 个；过滤杯 10 个；咖啡专用大冲袋组 10 个；压榨器 5 台；咖啡杯组 10 套；吧匙 10 个；摩卡壶 10 台；鲜奶油枪（气弹）；密封罐 10 个；摩卡壶专用滤纸、虹吸壶过滤纸、手冲杯专用滤纸、冰砂匙、普通咖啡匙、皇家咖啡勺各若干；拉花杯（300 毫升和 600 毫升各 10 个）；单品咖啡杯、花式咖啡杯、卡布奇诺咖啡杯、意式浓缩咖啡杯、柠檬水杯、特饮杯、圣代杯、香槟杯若干。

（3）物料

各式咖啡豆（意式咖啡机专用豆、蓝山豆、巴西豆、哥伦比亚豆、摩卡豆、曼特宁豆、夏威夷可纳豆、炭烧豆各一袋）；各式糖类（细砂糖、果糖、结晶冰糖、蜂蜜、方糖）；酒类；奶类（奶精粉、奶油球、鲜奶油、炼乳、牛奶/豆浆）；各式果露、糖酱、各式酱类；七彩米、香料类等。

3．展示（接待）用设备

吧椅 5 张；咖啡桌椅 5 套；各式咖啡杯组 5 套；桌面装饰用具 10 套；多媒体设备 1 套。另外，需要根据场地和咖啡厅的风格确定装修格调。

附录三 咖 啡 术 语

1．风味

风味（Flavor）是香气、酸度与醇度的整体印象，可以用来形容对比咖啡的整体感觉。

2．酸度

酸度（Acidity）是所有生长在高原的咖啡所具有的酸辛、强烈的特质。所指的酸性与苦味或发酸不同，也无关酸碱值，是促使咖啡发挥提神与涤清味觉等功能的一种清新、活泼的特质。

3．醇度

醇度（Body）是指饮用咖啡后留在舌头上对咖啡的口感。醇度的变化可分为清淡如水到淡薄、中等、高等、脂状，甚至某些印度尼西亚的咖啡如糖浆般浓稠。

4．气味

气味（Aroma）是指调理完成后，咖啡所散发出来的气息与香味。用来形容气味的词包括焦糖味、炭烤味、巧克力味、果香味、草味、麦芽味、浓郁、丰富、香辛等。

5．苦味

苦味（Bitter）是一种基本味觉，感觉区分布在舌根部分。深色烘焙法的苦味是刻意营造出来的，但最常见的苦味发生的原因是咖啡粉用量过多，而水太少。

6．清淡

清淡（Bland）是指生长在低地的咖啡，口感通常相当清淡、无味。咖啡粉分量不足、水太多的咖啡，也会造成同样的清淡效果。

7．咸味

咸味（Briny）是指咖啡冲泡后，若是加热过度，将会产生一种含盐的味道。

8．泥土的芳香

泥土的芳香（Earthy）通常用来形容辛香而具有泥土气息的印度尼西亚咖啡，并非指咖啡豆沾上泥土的味道，是指咖啡豆铺在地上进行干燥等加工所造成的。

9．独特性

独特性（Exotic）用于形容咖啡具有独具一格的芳香与特殊气息，如花卉、水果、香料般的甜美特质。东非与印度尼西亚所产的咖啡通常具有这种特性。

10．芳醇

芳醇（Mellow）是对低至中酸度、平衡性佳的咖啡所用的形容词。

11．温和

温和（Mild）表示某种咖啡具有调和、细致的风味。生长于高原的拉丁美洲高级咖啡，通常被形容为质地温和。此外，它也是咖啡界的一种术语，用来指所有除了巴西生产的高原咖啡。

12．柔润

柔润（Soft）形容如印度尼西亚咖啡般的低酸度咖啡，也可以形容为芳醇或香甜。

13．发酸

发酸（Sour）是位于舌头后侧的味觉区的感觉，是浅烘焙咖啡的特点。

14．咖啡师傅

咖啡师傅（Barista）指站在柜台后面，且深知每一种完美的浓缩饮料配方的人。能根据客人的需求，做出客人真正想要的饮料。

15．一份浓缩咖啡

一份浓缩咖啡（Shot）指约30毫升的浓缩咖啡。

16．单份浓缩咖啡

单份浓缩咖啡（Single）指从浓缩咖啡机中萃取出的一份浓缩咖啡，通常为单独饮用或加上蒸汽蒸过的香醇热牛奶再饮用。大部分的小杯与中杯饮料皆内含一份浓缩咖啡。

17．双份浓缩咖啡

双份浓缩咖啡（Double）指两份单份的浓缩咖啡，是星巴克大杯饮料的标准配备。

18．小杯

小杯（Short）指的是约240毫升的饮料，最适合在晚餐后饮用。

19．中杯

中杯（Tall）指的是约360毫升的饮料，这是最多人点用的饮料。

20．大杯

大杯（Grande）指的是约480毫升的饮料。

21．浓缩咖啡

浓缩咖啡（Espresso）指采用浓缩烘焙咖啡豆所萃取出来的香醇咖啡。浓缩咖啡通常用一只小型咖啡杯盛装，常被用来调和出其他独特的咖啡饮料。

22．低脂

可选用低脂（Low-fat）牛奶调制出专属的低脂拿铁。

23．不加奶泡

告知服务人员不加奶泡（No foam），只有浓缩咖啡与热牛奶。

24．奶泡较多的

奶泡较多（Dry）意指奶泡的量比牛奶多。适合喜欢充满绵密香甜奶泡的顾客饮用。

25．留点空间

留点空间（With room）意即"我想在我的美式咖啡/每日精选咖啡里加些牛奶，麻烦您帮我留些空间"。

26．鲜奶油

鲜奶油（Whip）是 Whipped Cream 的简写，适合希望降低摩卡咖啡热量的人群饮用。可以告知服务人员"我不要加鲜奶油"。

参 考 文 献

陈叶. 2011. 亲手煮杯好咖啡. 北京：化学工业出版社.

李卫. 2008. 私享咖啡. 天津：百花文艺出版社.

荣晓坤，汪珊珊. 2010. 咖啡技艺. 北京：高等教育出版社.

王金豹. 2010. 咖啡图鉴. 北京：化学工业出版社.

王森. 2009. 玩转拉花咖啡. 北京：中国轻工业出版社.